有机宝石鉴赏

YOUJI BAOSHI JIANSHANG

ZHENZHU HUPO SHANHU

应宗岐 著

图书在版编目(CIP)数据

有机宝石鉴赏:珍珠 琥珀 珊瑚/应宗岐著.—武汉:中国地质大学出版社,2021.7
ISBN 978-7-5625-4902-4

Ⅰ.①有…
Ⅱ.①应…
Ⅲ.①宝石-鉴赏
Ⅳ.①TS933.21

中国版本图书馆 CIP 数据核字(2021)第 131770 号

有机宝石鉴赏:珍珠 琥珀 珊瑚			应宗岐 著
责任编辑:张玉洁	选题策划:张 琰 张玉洁		责任校对:何澍语
出版发行:中国地质大学出版社(武汉市洪山区鲁磨路388号)			邮政编码:430074
电　　话:(027)67883511	传真:(027)67883580		E-mail:cbb@cug.edu.cn
经　　销:全国新华书店			http://cugp.cug.edu.cn
开本:787毫米×960毫米 1/16		字数:205千字	印张:11.5
版次:2021年7月第1版		印次:2021年7月第1次印刷	
印刷:武汉中远印务有限公司			
ISBN 978-7-5625-4902-4			定价:58.00元

如有印装质量问题请与印刷厂联系调换

序 PREFACE

不朽的生命之石——有机宝石

几年前,由于工作上的机缘,我有幸参与广东省珠宝玉石交易中心的筹建工作。在确定经营范围时,专家们经过激烈的讨论,将交易品种定为三类,分别是玉石、彩色宝石和有机宝石。当时我还没有完全入行,是个门外汉,对玉石和彩色宝石相对熟悉,对有机宝石的认知却很朦胧。市场上的宝石学书籍林林总总,但是专门介绍有机宝石的书却是凤毛麟角。我们知道,一种宝石消费的市场体量是由消费者对它的认知度决定的,为了普及有机宝石文化,促进行业发展,很有必要编撰一本专业且面向大众的有机宝石图书。

适逢友人向我推荐《有机宝石鉴赏:珍珠 琥珀 珊瑚》一书。该书作者为旅法珠宝人应宗岐女士,她是一名独立珠宝设计师、FGA宝石鉴赏师,同时也是一家珠宝企业的经营者。应女士的职业背景,令本书能从专业角度和市场视野切入,行文简洁流畅,没有学术著作的晦涩高深,就像有机宝石一样很有温润感,使读者倍感亲切。

有机宝石都是生命孕育出来的硕果,展现出生命的不朽之美。而美和真,从来都是一对孪生兄弟,要求美,先得求真。本书主要部分教我们如何在有机宝石的领域里求真,在最后部分用珍贵的图片向我们展示了有机宝石的形神之美。作者旅居法国多年,在书中为我们展示了跨文化的视觉盛宴。而中国古代对有机宝石已经有久远的使用记载,如冯延巳的词《抛球乐·年少王孙有俊才》里的两句"歌阕赏尽珊瑚树,情厚重斟琥珀杯";又如李贺的《将进酒》里的诗句"琉璃钟,琥珀浓,小槽酒滴真珠红"等。在此,我们也期待设计界有更多融合中国文化的有机宝石作品。

部分有机宝石也可用作中医治疗的材料,如珍珠粉、琥珀在古代药典中就有药用价值记载。相传中世纪"黑死病"横行欧洲的时候,唯独波罗的海附近的琥珀客商没有染病,笔者现在无从稽考。撰写本文时,正值新冠疫情第二波在欧洲肆虐。在此祝远在法国的作者和她周边的朋友们身体健康,祝愿世界早日战胜疫情,祝愿我们人类像有机宝石一样生生不息。

中国珠宝首饰行业协会副会长、
广东省珠宝玉石交易中心总裁
黎志伟
2021 年 2 月

前 言 FOREWORD

优雅迷人的珍珠、璀璨如金的琥珀、绚丽温润的珊瑚,这些由动植物的生命参与的珍贵有机宝石是大自然对于人类的慷慨馈赠。从古至今,它们在中国及世界的收藏界和珠宝界中大放异彩。

各类有机宝石的鉴赏和评估均以认识宝石为基础。本书对三大有机宝石的宝石学特征、质量评价与分级、优化处理手段、仿制品鉴别方法、收藏保养知识等有着翔实的说明。

珍珠章节中,除了对人工养殖的淡水珍珠、日本Akoya珍珠、南洋珍珠、大溪地珍珠有着详细的讲解外,对珍贵稀有的天然淡水、海水珍珠和腹足纲珍珠也有较多说明。各类不同的珍珠图片详尽丰富,为读者带来愉悦的阅读体验。

琥珀章节中,讲到不同地质年代和不同产地的琥珀,对商业市场上琥珀的优化处理方法、琥珀仿品的鉴别也有详细的说明。同时还有法国专业宝石院校、琥珀商家及收藏家提供的不同类别的琥珀图片。

珊瑚章节中,对不同品类和颜色的宝石级珊瑚进行了介绍,重点讲解了红珊瑚中的阿卡珊瑚、沙丁珊瑚、莫莫珊瑚以及角质珊瑚中的金珊瑚和黑珊瑚,同时附有精美的珊瑚雕刻件及珊瑚珠宝图片。

我在国内和法国珠宝界有着多年的从业经验,希望通过本书,以简洁生动的语言向广大有机宝石爱好者和珠宝收藏者提供简明清晰的专业知识和国际前沿的宝石资讯,帮助读者选到货真价实的有机宝石。

在本书的最后,呈现了10幅传统法式水粉珠宝设计图供大家欣赏,它们大多以有机宝石为主石,其中《海洋皇冠》是我应邀为2021年法国美人鱼小姐(Miss Mermaid France)选美总决赛设计的冠军皇冠。

最后,我满怀感激地向默默支持我撰写本书的家人和朋友们致谢,感谢所有为本书提供丰富图片的珠宝院校、企业及设计师、摄影师朋友。同时特别感谢法国巴黎宝石学院的校长 Fabienne Thouvenot 女士一直以来的帮助和鼓励。感谢中国地质大学出版社张琰副总经理对本书的支持以及编辑张玉洁老师细致认真的编辑工作。

本书的疏忽不足之处，敬请读者批评指正。

应宗岐

2020 年 12 月

目 录 CONTENTS

第一章 有机宝石概论

第一节　宝石的概念与属性　　　1
第二节　有机宝石的分类及特点　　6

第二章 优雅迷人的宝石皇后——珍珠

第一节　珍珠的传说与使用历史　　　11
第二节　珍珠的成因、分类及计量单位　　13
第三节　天然珍珠的主要产地　　　16
第四节　珍贵的腹足纲天然珍珠　　　18
第五节　养殖珍珠的种类　　　23
第六节　不同产地的养殖珍珠　　　28
第七节　珍珠的加工及优化处理　　　34
第八节　珍珠仿品及珍珠的鉴别方法　　41
第九节　珍珠质量评价与分级　　　47
第十节　珍珠的保养和收藏　　　59

第三章 千万年的"时间胶囊"——琥珀

第一节	琥珀的成因及主要产地	63
第二节	琥珀的分类	72
第三节	琥珀的外观及内部世界	86
第四节	琥珀的优化处理及鉴别方法	94
第五节	再造琥珀	104
第六节	琥珀的仿品及鉴别	106
第七节	琥珀的保养及收藏	111

第四章 来自海洋的美丽瑰宝——珊瑚

第一节	珊瑚的形成、历史及分类	115
第二节	红珊瑚的种类及特征	124
第三节	红珊瑚的分级	131
第四节	红珊瑚的优化处理	139
第五节	红珊瑚的仿品及鉴别	144
第六节	黑珊瑚、金珊瑚的鉴赏	152
第七节	珊瑚的保养和收藏	159

| 主要参考文献 | 163 |
| 附录　应宗岐珠宝设计作品 | 164 |

第一章　有机宝石概论

第一节　宝石的概念与属性

广义的宝石是指美丽、耐久、稀少,并可琢磨、雕刻成首饰或工艺品的矿物、岩石和有机材料,包括天然的和人工合成的。

在人类发展的历史进程中,宝石在政治、经济、文化、时尚、宗教等多个领域起到了重要的作用。人们因为各种原因佩戴、收藏宝石,装扮自我、装饰环境,展示财富,表现对宗教的虔诚,或者希望汲取宝石自身的某种"神力"。例如,在中世纪的欧洲,人们认为琥珀可以抵御瘟疫等疾病;又如,因为相信红色石榴石可以在黑暗中带来光明,北欧海盗常常选择红色石榴石作为陪葬品,以照亮他们的天堂之路。

宝石具有美丽性、耐久性、稀有性这三大属性。

一、宝石的美丽性

宝石对人们的吸引首先来自其美丽的特质,如钻石绚丽的火彩、祖母绿青翠的绿色、珍珠明亮温润的光泽、欧泊变幻闪耀的变彩等。

宝石的美丽成因大致有以下四类。

1. 琢型

大多数宝石原材料的美丽都是潜在的,需要经过适当的加工才能充分显露出来,如无机宝石中的尖晶石、欧泊、翡翠等,有机宝石中的象牙、琥珀等(图1-1-1)。珍珠则通常保留其原始形态,无需雕琢来展现其天然的美丽。但近年来,一些珠宝商也开始对珍珠层比较厚的养殖珍珠加以雕刻,形成了耳目一新的设计风格(图1-1-2)。

有机宝石鉴赏

珍珠 琥珀 珊瑚

图 1-1-1　象牙块（左）和经雕琢抛光后的象牙艺术品（右）

图 1-1-2　表面有许多微小刻面的南洋白色、金色珍珠及大溪地黑珍珠

（图片提供/法国 Lyon Alliances Brillants 珠宝公司）

2. 颜色

彩色宝石,如红宝石、蓝宝石、碧玺等,都以艳丽的色彩取胜(图1-1-3)。对天然红宝石来说,红色的美丽程度是评定其质量等级的重要因素之一。对于珊瑚、琥珀、珍珠等有机宝石而言,颜色的亮度、饱和度也是影响其市场价值的关键指标(图1-1-4)。

图1-1-3 镶嵌彩色宝石的珠宝首饰

图1-1-4 以珊瑚为主石的宝石镶嵌戒指

(图片提供/法国Arteau Paris珠宝公司)

3. 透明度、光泽

透明度对宝石的质地和颜色起着重要的烘托作用。宝石的透明度可分为透明、半透明、微透明和不透明四种。透明的钻石、红宝石、蓝宝石等能完全清晰地透视其他物体;半透明的玛瑙、芙蓉石等能模糊地透视其他物体的轮廓;微透明的软玉、独山玉、岫玉等能透过光,但看不清透过的物像;不透明的青金岩、绿松石、珊瑚、蜜蜡等则基本上不透光。

光泽是指宝石表面对光的反射能力,常见的宝石光泽有油脂光泽(软玉)、蜡状光泽(绿松石)、珍珠光泽(珍珠)、丝绢光泽(虎睛石)、树脂光泽(琥珀)、玻璃光泽(水晶)、金刚光泽(钻石)等(图1-1-5)。

4. 特殊光学效应

在可见光的照射下,由于宝石结构对光的折射、反射、干涉和衍射等作用,宝石表面可产生特殊的光学现象,如猫眼效应(金绿宝石猫眼、石英猫眼、软玉猫眼等)

图 1-1-5　有着玻璃光泽的黄色及紫色水晶

（图 1-1-6、图 1-1-7）、星光效应（星光红宝石、星光蓝宝石）、变色效应（变石、变色尖晶石、变色蓝宝石等）、砂金效应（日光石、金曜石）、变彩效应（欧泊、月光石）等。一般来说，天然宝石的光学效应越独特、越明显，价值越高。

图 1-1-6　金绿宝石猫眼戒指

图 1-1-7　石英猫眼眼线随着光源改变而移动
（图片摄影/C. Roux）

二、宝石的耐久性

宝石的耐久性主要体现在其硬度、韧性及稳定性上。

1.硬度

硬度是物质抵抗外部硬物刮伤和磨损的能力。一些无机宝石具有较高的硬度，如红蓝宝石硬度为9，钻石硬度为10。空气中灰尘的主要成分是石英，其硬度为7。

硬度小于7的宝石抛光面,由于经常受到空气中灰尘的撞击磨蚀,表面会变"毛"而失去原有光泽;钻石、红蓝宝石则能保持光彩,永远明亮。

2. 韧性

韧性是物质抵抗撕拉、撞击以免发生破裂的性能。堇青石硬度较高,为7~7.5,但其韧性差,因此,它是打磨难度很高的宝石。象牙、珍珠等有机宝石虽然硬度较低(前者为2~3,后者为2.5~4.5),却有着良好的韧性,非常适合精雕细琢。珊瑚和琥珀的韧性相对象牙较低,但一样经得起雕刻,因而成就出无数美丽细腻的优秀雕刻作品(图1-1-8、图1-1-9)。

图1-1-8 花色珊瑚雕刻件
(图片提供/绮丽珊瑚)

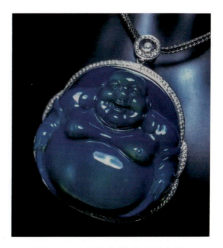
图1-1-9 弥勒佛蓝珀雕刻件
(图片提供/润特蓝珀)

3. 稳定性

稳定性是物质抵御化学物质、温湿度、热能等影响的性质。

一般来说,珍珠、琥珀、珊瑚在高湿度空气环境中均有较强的稳定性,但是由它们制成的珠宝饰品应当避免浸泡在水中。这三种宝石在保存时,应保证通风良好,湿度适中,若环境湿度太低,会影响其品质。另外,它们在酸性环境、高温、强光下稳定性不强,因此佩戴时有许多禁忌,具体会在后面章节中详细说明。

三、宝石的稀有性

宝石之所以珍贵,在于它在自然界中的稀有性。

在天然的钻石矿产资源中,除去太小或质量太差的钻石,较大的钻石或宝石级钻石都是稀有而难得的。

在人工养殖珍珠尚未出现的漫长岁月里,人类要想获得珍珠,必须潜入大海和江河湖泊中去采撷珍珠贝,这是一个充满艰辛与危险的过程,也使采得的珍珠倍加珍贵。现代养殖珍珠的出现,使得珍珠产量得以大幅提升,但在千万颗养殖珍珠中,宝石级珍珠的产出量依然很小(图1-1-10)。

图1-1-10 南洋海水养殖金色珍珠

第二节 有机宝石的分类及特点

通常意义上的天然宝石大体分为三类:一是天然无机晶质宝石,如钻石、碧玺、红宝石、蓝宝石;二是天然无机非晶质宝石,如欧泊、黑曜石;三是天然有机宝石,如珍珠、琥珀、珊瑚、象牙及骨质材料等(图1-2-1)。

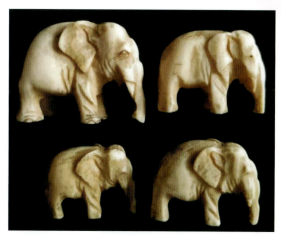

图1-2-1 象牙雕件(左)及骨质雕件(右)

一、有机宝石的分类

有机宝石是指与自然界生物有直接生成关系，部分或全部由有机物质组成，可用于饰品的材料。它包括植物类有机宝石和动物类有机宝石两个大类。

植物类有机宝石有如琥珀、硅化木、煤精等。琥珀是松柏类植物为保护其伤口或嫩芽所分泌出的树脂，经过长时间地质作用形成的化石。煤精又称煤玉、煤精石、黑玉。树木被埋藏在地下数千万年乃至数亿年，在缺氧的条件下受到压力和温度的共同作用，木材分解后其中的碳形成了煤精。煤精颜色乌黑发亮，是庄重、肃穆的象征，因而在19世纪中叶，被广泛地用作纪念死者的宝石。英国维多利亚女王在参加葬礼时就戴过煤精制成的项链，以表达对故去的亲人深深的悼念之情。

动物类有机宝石本身形成或来源于动物，如珍珠是珠母贝受到异物刺激生长的"结核"；珊瑚则是由珊瑚虫的骨骼遗骸经年累月堆积而成。

其他动物类有机宝石还有象牙、彩斑菊石、百鹤石、玳瑁、砗磲等。其中，彩斑菊石是由7000万年前的斑彩螺外壳形成的化石。历经泥土的压力和岁月的沧桑，彩斑菊石自带的美丽虹彩、耀眼光芒令人惊叹不已（图1-2-2、图1-2-3）。

玳瑁来源于龟甲，是万寿无疆之象征，自古以来深受权贵富商的喜爱，被视为传世之宝（图1-2-4）。汉代名篇《孔雀东南飞》中就有"足下蹑丝履，头上玳瑁光"的诗句。玳瑁的加工工艺水平在唐代达到了高峰，唐代女皇武则天就十分喜欢使用玳瑁制成的梳子、琴板、发饰等。

有机宝石鉴赏

珍珠　琥珀　珊瑚

图1-2-2　彩斑菊石

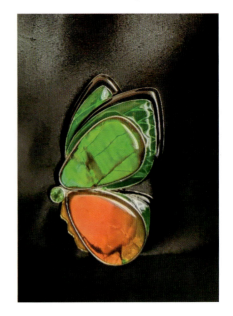

图1-2-3　彩斑菊石珠宝

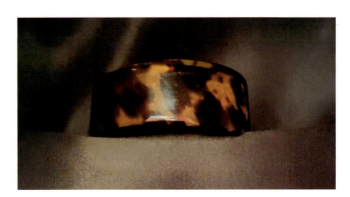

图1-2-4　玳瑁手镯

二、有机宝石的特点

与无机宝石相比，有机宝石在形成环境、成分结构、物化特性、资源性质等方面具有不同的特点。

有机宝石概论 第一章

1. 形成环境

无机宝石主要是在高温、高压条件下，由内生、外生及变质等地质作用形成的，可以进行人工合成。

而有机宝石，尤其是琥珀、煤精、硅化木、百鹤石等石化型有机宝石，是在常温和常压的表生地质环境中，经成岩作用和浅变质作用而缓慢形成的。由于有机宝石的形成与动植物的生命活动密切相关，它服从于生物生理学、生物结晶矿物学规律，因而不能进行人工合成（珍珠可人工养殖，但仍属天然宝石，不是人工合成）。

2. 成分结构

有机宝石的化学成分包括有机物（如多种氨基酸、琥珀酸混合物、腐殖质和腐殖泥混合物等）、无机物（如碳酸钙、二氧化硅等）、微量元素和其他组分。有机质和无机矿物按生物结构或生长规律分布，形成特定的纹理线，如象牙横断面上的勒兹纹或人字纹（图1-2-5）、天然珍珠横截面上的同心圆纹、金珊瑚上类似树木年轮的花纹等。

图1-2-5　含勒兹纹的象牙手镯（左）和含人字纹的俄罗斯猛犸象牙块（右）

（图片提供/法国巴黎宝石学院）

3. 物化特性

无机宝石稳定性较强，硬度高，不易腐蚀损坏，但性脆。相比之下，有机宝石物化性质不稳定，硬度低（如琥珀硬度为2～3，红珊瑚的硬度为3～4），易溶解于酸和有机溶剂，加热会变质，但韧性较强。

4. 资源性质

珍珠、珊瑚、玳瑁等有机宝石是生物资源的一部分,是可再生资源(深海珊瑚例外)。但是随着市场对有机宝石的需求量与日俱增,有些有机宝石产地出现重采轻养的现象,年采出量超过年生长量,使有机宝石的天然资源受到严重破坏。

只有在开采过程中遵循相关限制禁令,注重环境保护和修复,有计划地进行开采,才能使资源得到最大限度的利用。例如,过去人们在养殖珍珠过程中,会向水体中投料,虽然珍珠蚌以浮游生物、有机碎屑为食,对水体有一定的净化作用,但投料过量和实行高密度养殖,会对水体造成严重污染,并且水质很难修复。近年来人们对珍珠养殖进行规范,严格控制投料数量,在减少水源使用面积的同时,有效提升了珍珠的品质和产量,并大力度地解决了珍珠养殖引发的环境污染问题。

第二章　优雅迷人的宝石皇后——珍珠

如果说钻石因其夺目的华贵、闪耀和坚硬的特质而被誉为"宝石之王"的话,那么珍珠温润的光泽、优雅高贵的气质则使其拥有了"宝石皇后"的美称。作为三大有机宝石之一,珍珠是唯一不需要雕琢、自然天成的珠宝材料。

第一节　珍珠的传说与使用历史

珍珠,又名真珠、蚌珠,它是很早就用于珠宝装饰的宝石材料之一。早在原始社会,人们沿着海岸和河流去寻找食物时,就曾发现珍珠。从此,珍珠的美丽便受到人们的广泛认可和青睐。古时珍珠一直被认为是诸神送给大地的礼物。除了以上天恩赐作为解释外,也很难让人相信,一只平凡如斯的牡蛎或河蚌竟然可以孕育出如此美丽的宝物(图2-1-1)。

图2-1-1　不同形状、大小、颜色的淡水珍珠
(图片摄影/C. Roux)

在中国古代的传说中,珍珠的诞生与月亮有关,民间有"千年蚌精,感月生珠"的

说法。帝王用珍珠装饰冠冕、头饰、服饰、车辇等,将其视为尊贵与地位的象征。

在西方的传说中,珍珠则与女神维纳斯的诞生有关。文艺复兴时期,著名画家波提切利在《维纳斯的诞生》一画中描绘了这样的景象:女神站在一扇巨大的贝壳之上,从水底缓缓而出,她身上滑落的水珠形成粒粒珍珠,洁白无瑕,晶莹夺目(图2-1-2)。

图2-1-2　波提切利油画作品《维纳斯的诞生》

早在公元前8世纪,诗人荷马就曾在古希腊文学最早的一部不朽史诗——《荷马史诗》中赞颂过珍珠。

欧洲的古罗马人崇尚奢华风格的装饰品,在一些夸张的窗帘、惊艳的服饰、奢华的首饰中,珍珠被大量使用。当哥特人掠夺罗马时,这些宝藏被分散或遗忘。过了几个世纪,珍珠重新出现在天主教的艺术品中,它被认为是上帝的恩赐,珍珠被装饰在祭坛装饰品和祭司的法衣上。

伟大的航海家哥伦布不仅在旅行中发现了美国,同时也带回了旧世界通过委内瑞拉海岸贸易获得的珍珠。后来,在巴拿马和加利福尼亚湾、法国、意大利、澳大利亚和英国都发现了珍珠,人们争相购买。

说起对珍珠的热爱,不得不提到英国女王伊丽莎白一世。她出席加冕仪式时所戴的王冠和穿着的斗篷上使用了大量的水滴形珍珠。执政后,她也常常佩戴七层珍珠串成的长项链,在衣物上使用大量的珍珠进行装饰(图2-1-3)。当时皇室的巨大时尚影响力,让珍珠成为贵族女人追捧的对象。在女王伊丽莎白一世的年代(1533—1603),贵族女人都以佩戴珍珠首饰、穿镶满珍珠的丝绸衣服为美。

而在中国清代,统治者视东珠(产自中国东北的天然珍珠,也称北珠)为尊贵身份的象征,由东珠制成的朝珠只有皇帝、皇后、太上皇及皇太后才有资格佩戴。慈禧太后把持朝政多年,一生追求权欲和享受。她十分喜爱珍珠首饰,从图2-1-4中的头饰、流苏、耳环、披肩可见一斑。除此之外,珍珠在其日常用品如门帘、靠垫、酒杯、碗盘等器物以及其身后的陪葬品中也有大量使用。

图2-1-3 伊丽莎白一世肖像画

图2-1-4 慈禧太后画像

第二节 珍珠的成因、分类及计量单位

一、珍珠的成因

珍珠是指在贝类或蚌类等动物体内形成的一种具有珍珠质的生物矿物。一般认为，贝蚌类的外套膜在受到外来物（如砂粒、小寄生虫）的刺激或外界压力作用时，其外表皮的单层上皮组织局部细胞下陷，逐渐形成珍珠囊。珍珠囊内的上皮细胞不断分泌珍珠质，将外来物层层包裹形成赘生物，日久成珠。

珍珠由碳酸钙（主要为文石）、有机质（主要为贝壳硬蛋白）、水和多种微量元素等组成，呈珍珠光泽。

二、珍珠的分类

珍珠有多种分类方法，具体见表2-2-1。

表 2-2-1 珍珠的分类

珍珠的分类标准	具体类别
成因	天然珍珠、养殖珍珠
水域环境	淡水珍珠、海水珍珠
内部结构	无核珍珠、有核珍珠
是否附着贝壳	游离珍珠、贝附珍珠
大小	特大型珠、大珠、中珠、小珠、细厘珠、子珍珠
形状	正圆形珠、近圆形珠、椭圆形珠、异形珠、扁形珠、馒头形（纽扣形）珠、梨形珠、蛋形珠、腰鼓形珠、扇翅形珠
产地	南洋珠、波斯珠、大溪地珍珠、中国合浦珍珠、日本 Akoya 珍珠等

1. 天然珍珠与养殖珍珠

天然珍珠是从野生的贝蚌类体内采到，或在养殖的贝蚌类体内自然形成的珍珠，其形成过程完全没有人工干预。养殖珍珠是经人工手术在贝蚌类体内植入外套膜小片或珠核而养成的珍珠。

目前，养殖珍珠几乎占据了全部的珍珠市场，因此，根据国家标准《珠宝玉石 名称》(GB/T 16552—2017)，养殖珍珠可简称为珍珠，而天然珍珠必须在珍珠前加"天然"二字。

2. 淡水珍珠与海水珍珠

淡水珍珠是在淡水中三角帆蚌、褶纹冠蚌、背角无齿蚌等蚌类生物体内形成的珍珠。

海水珍珠是在海水中马氏珠母贝、白蝶贝、黑蝶贝（图 2-2-1）、企鹅贝等贝类生物体内形成的珍珠。

3. 无核珍珠与有核珍珠

无核珍珠内外都是珍珠层，呈同心层状或同心层放射状结构。天然珍珠都是无核珍珠；部分养殖的产珠贝蚌在进行人工手术时仅植入了外套膜小片，形成的珍珠也是无核珍珠。

图 2-2-1 大溪地黑蝶贝贝壳
（图片提供/法国 Les Merveille du Pacifique 珍珠公司）

有核珍珠是一种养殖珍珠,在手术过程中植入了珠核和外套膜小片,其珍珠层呈同心层状或同心层放射状结构(图2-2-2、图2-2-3)。

淡水养殖珍珠大多为无核珍珠,而海水养殖珍珠大多为有核珍珠。就养殖珍珠而言,一般有核珍珠更大、更圆、光泽度更好。

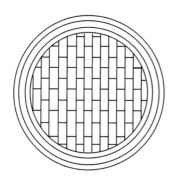 

图2-2-2　圆形有核珍珠的横截面示意图　图2-2-3　有核珍珠切开,可明显看到珠核与珍珠层

(图片提供/法国宝石学协会理事会)

4. 游离珍珠与贝附珍珠

游离珍珠是在软体动物体内由完整的珍珠囊生成并与贝壳完全分离的珍珠。贝附珍珠是在贝壳与外套膜之间植入核后,形成于贝壳内侧突起的珍珠(图2-2-4)。

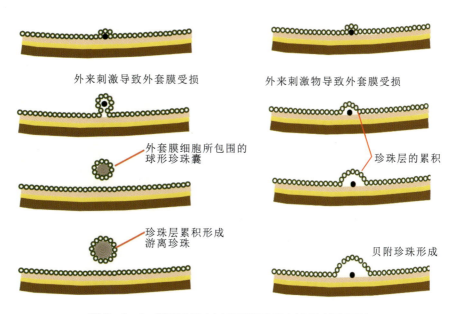

图2-2-4　游离珍珠(左)与贝附珍珠(右)形成示意图

三、珍珠的计量单位

1. 珍珠的质量单位

珍珠的质量单位有吨、贯、公斤、刀、毛美（Momme）、钱、克、克拉（ct）、格令和珠喱，其中吨、公斤、克是国际标准计量单位，贯、刀、钱、毛美多在日本和香港市场珍珠批发时使用，而克拉、格令和珠喱则用于散珠特别是优质散珠的计量中。1ct＝0.2g。

2. 珍珠的大小单位

珍珠的直径大小是以毫米为单位来表示的。以中国淡水珍珠为例，无核珍珠的直径以3～6mm居多，产珠河蚌可生长到近20cm，出产珍珠直径最大可达15mm；有核珍珠的珠核较大，珍珠通常也比较大（图2-2-5）。

图2-2-5 淡水有核和无核珍珠项链

第三节 天然珍珠的主要产地

在珍珠人工养殖技术推广之前，天然珍珠始终在世界珍珠市场中占据统治地位。但天然珍珠产量有限且来之不易，人们若想获得珍珠，必须潜入江河湖海去打捞。此外，由于珍珠产出全靠天时地利，珍珠的大小、形状、颜色、光泽等不可控，许多并不适合制作成首饰。颗粒较大、形态完美的天然珍珠较为罕见，常常通过拍卖会进行交易，并不流通于普通渠道。本节仅对天然珍珠的产地作简要介绍。

淡水天然珍珠（图2-3-1）分布较广，在美国、法国、苏格兰、威尼斯、爱尔兰、德国、伊朗、俄罗斯、中国、日本的某些河流中都曾发现过。美国田纳西州的天然淡水珍珠较多，主要有白色、粉红色，偶尔有绿色、灰色和黑色等。

海水天然珍珠则相对较少，主要产地为波斯湾地区。此外，斯里兰卡与印度之间的马纳尔湾、澳大利亚的西北和东北岸、日本、墨西哥湾、委内瑞拉诸岛都是天然海水珍珠的重要产地。我国合浦珠母贝（马氏珠母贝）内也可产天然海水珍珠。黑色珍珠仅产于夏威夷、塔希提岛（也称大溪地）及马尼希基岛。

图 2-3-1 镶嵌淡水天然珍珠的珠宝首饰

(图片提供/法国 Femme de Bijoux 珠宝公司)

1. 波斯湾珍珠

波斯湾地区包括伊朗、沙特阿拉伯一带的海域,这里的天然珍珠闻名天下,已有 2000 多年的出产历史。在法国巴黎这个曾经的世界天然珍珠销售中心,有超过一半数量的天然珍珠来自波斯湾。波斯湾珍珠一般为白色、乳白色,具有极强的珍珠光泽,颗粒较大,品质优良,其中最优的珍珠来自波斯湾地区的巴林岛。

2. 中国合浦珍珠

中国广西省北海市合浦县出产的天然珍珠,俗称南珠,由马氏贝产出。南珠颗粒较大,晶莹剔透,圆润光泽,自秦汉始即为皇家贡品,名扬天下,并成为海上丝绸之路中重要的贸易物品之一。明代学者屈大均在《广东新语》中对南珠的品质赞誉有加，称"合浦珠名曰南珠，其出西洋者曰西珠，出东洋者曰东珠。东珠豆青色白，其光润不如西珠，西珠又不如南珠。"

成语"合浦珠还"，描述的就是广西人采天然海水珍珠的故事。东汉时，合浦郡沿海盛产珍珠。当地百姓都以采珠为生，以此向邻郡换取粮食。采珠的收益很高，一些官吏就乘机贪赃枉法，巧立名目盘剥渔民。为了获得更多的收益，他们不顾珠蚌的生长规律，一味地叫渔民去捕捞。结果，珠蚌逐渐迁移到邻郡，在合浦能捕捞到的越来越少了。合浦沿海的渔民向来靠采珠为生，很少有人种植稻米。采珠多，收入高，买粮食花些钱不在乎。如今产珠少，收入大量减少，渔民们连买粮食的钱都没有，不少人因此而饿死。汉顺帝刘保继位后，任命孟尝为合浦太守。孟尝很快找出了当地渔民没有饭吃的原因，下令废除盘剥的非法规定，并不准渔民滥捕乱采，以便保护珍珠资源。不到一年，珠蚌又繁衍起来，合浦又成了盛产珍珠的地方。

第四节 珍贵的腹足纲天然珍珠

我们通常所见的天然珍珠一般产自贝蚌类双壳纲软体动物。但其实，腹足纲软体动物，如海螺、鲍贝等，体内也会形成美丽稀有的钙质凝结物（图2-4-1～图2-4-3）。这些钙质凝结物不含珍珠层，所以严格来说，它们并非珍珠，但也用于珠宝首饰。

由于大多无法进行人工养殖，腹足纲天然珍珠便显得尤其珍贵，商业价值也更高。下面对其中的代表性品种进行介绍。

图2-4-1 不同海螺所产的天然珍珠

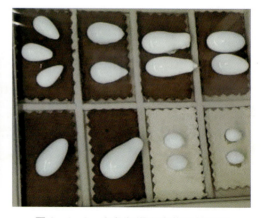

图2-4-2 白色海螺所产的天然珍珠

图 2-4-3　由天然海螺珍珠串成的项链

1. 女皇凤凰螺珍珠

这种稀有的珍珠被发现于西印度群岛、佛罗里达近海、加利福尼亚湾的大型海螺——女皇凤凰螺中。优质的女皇凤凰螺珍珠很罕见,平均每 20 000 个被捕捞的海螺中才会出现 1 颗。其颜色有白色、粉红色或者深粉色,具有美丽的光泽和特征性的火焰状纹理,大部分珍珠为椭圆形或蛋形(图 2-4-4、图 2-4-5)。

每年发现的女皇凤凰螺珍珠仅有 2000～3000 颗,这其中只有 20%～30% 能用于珠宝首饰加工。换言之,每年全世界范围内仅有几百颗此类珍珠可以制作成璀璨的珠宝,可以说是十分稀缺了。

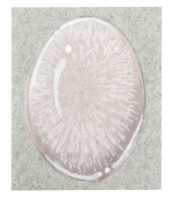

图 2-4-4　粉红色及深粉色的女皇凤凰螺珍珠　　　图 2-4-5　女皇凤凰螺珍珠的
(图 2-4-1～图 2-4-4 由日内瓦 Shanghai Gems S. A 公司提供)　　　火焰状纹理

2. 美乐珍珠

美乐珍珠是天然海螺珍珠中最吸引人的品种之一,发现于缅甸、马来西亚近海、越南、印度尼西亚沿海至澳大利亚。美乐海螺所产出的珍珠颜色是橙色系的,其中具有强橙色调(接近熟木瓜色)的珍珠最为珍贵(图2-4-6、图2-4-7),珍珠表面具有瓷器的光泽,呈现出星点状或火焰状的纹理(图2-4-8、图2-4-9)。大部分美乐珍珠为圆形,但也可以呈现出其他不同形状(图2-4-10)。

图2-4-6 美乐海螺

图2-4-7 不同大小的橙色系美乐珍珠

图2-4-8 美乐珍珠的星点状纹理

图2-4-9 美乐珍珠的火焰状纹理

已知最大的美乐珍珠重达412ct,几乎与高尔夫球的大小相当。卡塔尔国家博物馆的珍贵藏品中有一颗非常美丽的呈星点状纹理的近圆形美乐珍珠,颜色为橙黄色与浅土黄色相交,直径达到21.8mm,重66.5ct。

优雅迷人的宝石皇后——珍珠 **第二章**

图 2-4-10　各种形状的美乐珍珠

3. 天王赤旋螺珍珠

天王赤旋螺，又名佛罗里达马康克螺，分布于美国近海，最大可以生长到 40～50cm，螺身呈粉红色，常常被人们作为贝壳标本、装饰物或号角而收藏。这种海螺产珠极少，珍珠颜色有白色、橙棕色、红棕色等，珍珠的光泽和特征与女皇凤凰螺珍珠相近。

4. 角赤旋螺珍珠

角赤旋螺分布于印度洋的红海、阿尔达布拉环礁沿岸、马达加斯加、毛里求斯、莫桑比克、留尼汪、南非及坦桑尼亚，在西太平洋分布于日本、中国、马来西亚及印度尼西亚，在澳大利亚沿岸亦偶有出现但罕见。角赤旋螺是一种美丽的细条纹海螺，在菲律宾的一些室内装饰中经常使用。其产出的珍珠相当稀有，卡塔尔国家博物馆珍藏的一颗银白色角赤旋螺珍珠直径有 7.4mm，重 2.59ct。

5. 纺锤螺珍珠

纺锤螺，又名长旋螺，具有长而尖的纺锤体外观。纺锤螺珍珠既美观又罕见，目前自然界中发现的也只有十几颗。这种珍珠有瓷器般的明亮光泽，表面有火焰状的发光结构。有的纺锤螺珍珠会显示出一种光环形的光学效应，当转动珍珠时，表面的光环随之移动。卡塔尔国家博物馆珍藏有几颗长水滴形、椭圆形及近圆形纺锤螺珠珠,颜色瓷白。

6. 鲍贝珍珠

鲍贝出产天然随形珍珠,其珍珠常常是中空的(图2-4-11、图2-4-12)。鲍贝壳内部的颜色较深,与鲍贝珍珠颜色一致(图2-4-13)。通过将珠核附在鲍贝壳内,可以人工养殖鲍贝珍珠。

图2-4-11 不同形状的天然鲍贝珍珠

图2-4-12 天然鲍贝异形珍珠

图2-4-13 鲍贝壳的内部

(图2-4-6～图2-4-13由日内瓦Shanghai Gems S.A公司提供)

7. 其他海螺、海贝珍珠

1)骆驼蜘蛛螺珍珠

骆驼蜘蛛螺,又称骆驼凤凰螺、骆驼螺,是凤凰螺的一种(图2-4-14)。一颗直径为5.8mm的米黄色近圆形骆驼蜘蛛螺珍珠,被珍藏在卡塔尔国家博物馆。

2）黑星宝螺珍珠

黑星宝螺，又称虎斑宝贝、虎皮贝，产出珍珠通常为瓷白色（图 2-4-15）。

图 2-4-14　骆驼蜘蛛螺

图 2-4-15　黑星宝螺

3）环纹货贝珍珠

环纹货贝，又称金环宝螺，分布于太平洋和印度洋的暖水区以及中国的广东、海南岛、西沙群岛、南沙群岛等地，产出的珍珠通常为白色。

第五节　养殖珍珠的种类

世界上养殖珍珠使用到的贝蚌类有 30 多种。早在 13 世纪，中国人就将小佛像等物件置于贝类的壳与外套膜之间，经过一段时间后，这些物件表面便覆盖上珍珠层，这是最早的养珠技术，后来传入了日本。日本人御木本幸吉采用并发展了这一技术，使珍珠人工养殖得以成功。养殖珍珠主要包括以下几类。

1. 有核养殖珍珠

有核养殖珍珠是将一个完整的珠核植入贝类的外套膜内，最终这个珠核可以覆盖上大约 1.5mm 厚的珍珠层，形成一颗完整的球形珍珠。

海水珍珠，如日本 Akoya 珍珠、中国广西北海珍珠、波利尼西亚大溪地黑珍珠、南太平洋南洋珍珠等均采用有核养殖技术。部分淡水珍珠，如浙江诸暨的"爱迪生珍珠"也是有核养殖而成。植入的珠核通常为由淡水河蚌壳打磨而成的小球，由此形成的珍珠往往比较大，并且形状呈正圆的较多（图 2-5-1）。

有机宝石鉴赏 珍珠 琥珀 珊瑚

图 2-5-1　正圆形海水珍珠

（图片提供/J Ocean Pearls 公司）

珍珠有核养殖的流程一般包括：幼贝采苗—母贝养殖—人工植核—休复暂养—培珠养殖—收获珍珠（图 2-5-2、图 2-5-3）。植核手术通常在春天进行。

优良的海水珍珠养殖场最好选择在风浪较小、潮流畅通的海区，底质为泥沙或沙。冬季水温不能太低，而夏季温度不能太高，同时需要海水的相对密度和透明度保持较稳定的状态。

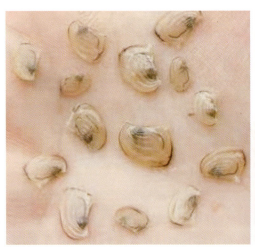 

图 2-5-2　广西培育的马氏贝（又称合浦珠母贝）贝苗

（左：培育时间约为两周，右：培育时间约为 20 天；图片提供/广西北海市旺海珠宝有限公司）

图 2-5-3　马氏贝幼贝、中贝和大贝

（幼贝生长时间为 2~3 个月，中贝生长时间为半年到一年，大贝生长时间为一年多到两年；图片提供/广西北海市旺海珠宝有限公司）

2. 无核养殖珍珠

淡水珍珠大多采用无核养殖技术。其养殖流程与有核养殖类似，只是植入的不是珠核，而是河蚌的外套膜小片。主要流程如下：从养殖河蚌的水塘中选取成熟的河蚌捞出，用工具小心地打开河蚌，从中取出长条形外套膜组织，并将其切成若干小块，然后植入宿主河蚌外套膜边缘的切口中，每次可以植入 40~60 个外套膜小片。之后用网篮将河蚌悬于水中 3~5 年，一般在秋末冬初收获珍珠，因为这一时节的珍珠光泽度最好（图 2-5-4、图 2-5-5）。

图 2-5-4　人工开蚌取珠

图 2-5-5　淡水无核养殖 3 年后完全打开的河蚌

（图 2-5-4、图 2-5-5 由恒美珍珠有限公司提供）

淡水蚌成本较低,一般杀死蚌取出珍珠即可;而对寿命长达 20 年的大珠母贝,一般在小心取出珍珠的同时再植核,母贝可以多次利用。

3. 客旭珍珠

客旭(Keshi)珍珠是一种无核珍珠,它是在珍珠养殖过程中偶然形成的,属于珍珠养殖的副产品。

它既可在海水有核珍珠养殖中形成,也可在淡水有核和无核珍珠养殖过程中形成。在珍珠养殖过程结束前,当珠母贝排斥且吐出植入的珠核时,有时会形成客旭珍珠,或当植入的外套膜断片同珍珠分离后,刺激液囊分泌珍珠质,最终产生无核的珍珠。

客旭珍珠的形状非常不规则,由于它是全珍珠质的实体混合物,因而常呈现出丰富的颜色且伴有强烈的光泽(图 2-5-6、图 2-5-7)。

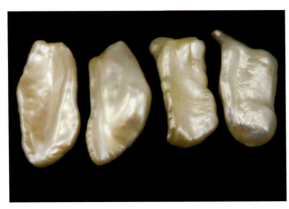

图 2-5-6 有着强烈光泽的淡水白色客旭珍珠
(图片摄影/C. Roux)

图 2-5-7 大溪地深色客旭珍珠
(图片提供/法国 Les Merveille du Pacifique 珍珠公司)

4. 马贝珍珠

马贝珍珠,也称 Mabe 珠,是一种半边珍珠,一边凸、一边平,由植入的珠核决定基础形状。它实质上是一种再生珍珠,一般先由珠母贝培育圆形珍珠,然后再养殖马贝珍珠。

具体过程:在采收完圆形珍珠后,将预制的半边珠核插入贝壳的内壁,使凸面朝向珠母贝的套膜,平面贴紧珠母贝的壳壁,再放入水中喂养。经过一定的养殖时间,珍珠层将珠核一层一层地包起来,形成半圆形或其他形状。由于采收马贝珍珠时,需要将部分珠母贝壳壁一起提取出来抛磨成饰品,因而珠母贝不可再次使用。

马贝珍珠有圆形、水滴形、椭圆形及心形等多种形状,其直径通常为10～17mm或更大(图2-5-8)。此类珍珠养殖采用的母贝主要为企鹅贝。企鹅贝的珍珠层非常透亮,泛着金属般的光泽,而且晕彩丰富,因此光泽透亮、晕彩强烈也是马贝珍珠的特色。

图2-5-8　圆形、水滴形、心形南洋马贝珍珠

(圆形、水滴形珍珠图片提供/恒美珍珠有限公司)

第六节 不同产地的养殖珍珠

1. 日本养殖珍珠

谈到日本的珍珠人工养殖历史,必须提到一个名字——御木本幸吉,他曾花10年时间研究珍珠贝的生活习性及珍珠的形成原理。

1888年,在日本列岛中部的志摩半岛,御木本幸吉利用中国河蚌养殖珍珠的方法进行海水珍珠养殖试验,将异物植入珍珠贝中,用竹篮子装好放入海水中。1893年,御木本幸吉的妻子从他们做试验的篮子里取出一颗很小的半圆形珍珠,这是第一颗在海水中养殖成功的珍珠。而到1900年,他们收获的珍珠已近4200颗。

之后,御木本幸吉将贝壳的珍珠层做成圆形小核,包以外套膜小片移植到母贝内,终于在1908年首次养殖出圆形珍珠并获得技术专利。从此,御木本幸吉开始大规模地养殖珍珠,日本的珍珠养殖业得以迅猛发展。鉴于御木本幸吉在珍珠养殖方面的杰出成就,人们称他为"日本珍珠之父"。

日本总体珍珠养殖技术好,产出的珍珠大部分质量都很好,因此出口到世界各地。日本Akoya海水养殖珍珠的主要产地为日本三重县、雄本县、爱媛县一带的濑户内海,其母贝为马氏贝,个体较小,通常长10cm左右。一个马氏贝仅能收获一颗海水珍珠。

Akoya珍珠是有核珍珠,其植入的珠核通常较小,直径一般为6mm,出产的珍珠直径一般为6.5~8mm,极少数直径为9~9.5mm。Akoya珍珠多为正圆形,珠光较强(图2-6-1、图2-6-2),并常有粉红色伴色,从色系角度可分为白色系、米色系、灰色系三大类。

图2-6-1 有着较强光泽的日本Akoya珍珠

图2-6-2 Akoya圆形珍珠耳钉

2. 中国养殖珍珠

中国是淡水珍珠的生产大国,据相关数据统计,截至 2019 年,中国淡水养殖珍珠产量近 610t,约占世界总量的 95%。我国的淡水珍珠主要养殖区在浙江、湖南、江苏、江西、湖北、安徽,其中浙江省诸暨市是我国淡水珍珠养殖、加工和销售的最大基地,其产量占全国总产量的一半以上,被誉为"中国珍珠之乡"。

我国淡水珍珠培育以无核养殖为主,母蚌多采用三角帆蚌。这种河蚌可生长到近 20cm,出产的珍珠颜色、形状多样,直径多为 3.5~6mm,最大的珍珠直径可达到 15mm(图 2-6-3~图 2-6-5)。

图 2-6-3 淡水无核珍珠
(图片提供/恒美珍珠有限公司)

图 2-6-4 不同颜色的椭圆形淡水无核珍珠
(图片摄影/C. Roux)

图 2-6-5 近圆形的白色淡水无核珍珠
(图片摄影/C. Roux)

近年来,中国在淡水珍珠养殖方面除了加强对水域环境的污染治理,同时注重技术革新,推进规范化、系统化养殖,大力提升珍珠品质,培育出大个的有核珍珠,其形状多为正圆形,色彩丰富,有白色、杏色、淡金色、紫色、粉色,等等(图2-6-6、图2-6-7)。

图2-6-6 白色淡水有核珍珠　　　　　　图2-6-7 杏色淡水有核珍珠

(图片提供/恒美珍珠有限公司)

由于海水珍珠生产条件比较严格,珠母贝在温度为10~35℃、盐度约32‰、相对密度为1.022 7~1.023 2、pH值不低于7.9、风浪水流平缓的海水中才能正常生存,所以我国能够生产海水珍珠的环境资源比较少,珍珠总产量也不高。截至2019年,海水珍珠年产量约2.8t,不到我国珍珠总量的1%。

我国海水珍珠的主要养殖区在广东,广西北海也有海水珍珠的养殖历史。我国海水珍珠由马氏贝育出(图2-6-8、图2-6-9)。

图2-6-8 采收马氏贝中的有核珍珠　　　图2-6-9 未经优化处理的北海有核珍珠

(图2-6-8、图2-6-9由广西北海市旺海珠宝有限公司提供)

3. 法属波利尼西亚大溪地养殖珍珠

法属波利尼西亚位于太平洋的东南部，由118个岛屿组成，其中最大的一个岛屿叫塔希提（Tahiti），也译为"大溪地"，是黑珍珠最著名的产地。在目前的国际珍珠市场上，大溪地几乎成了黑珍珠的代名词，世界上约有95%的黑珍珠产出于此。

法属波利尼西亚群岛有悠久的采珠史。19世纪中叶，来自悉尼、旧金山及智利的渔船在这里大量捕捞黑蝶贝（图2-6-10）。渔民们不仅要收获黑珍珠，还要取下黑蝶贝有美丽晕彩珍珠层的贝壳内层，来满足当时欧洲纽扣工业的需求。过量捕捞导致黑蝶贝天然资源匮乏。之后，法属波利尼西亚成立珍珠养殖实验室，但直到1972年，才开始向国外出口大溪地黑珍珠。

黑珍珠并不是纯黑色的，而是在黑色或灰色底色上呈现出紫色、蓝色、绿色、金属黑灰色、浅灰色、灰黑色的晕彩（图2-6-11）。黑珍珠由黑蝶贝产出，这种母贝可生长到20cm，产出珍珠的直径通常为9～12mm，最大直径可达18mm。

图2-6-10 大溪地黑蝶贝贝壳（左）及雕刻件（右）

（图片提供/法国Les Merveille du Pacifique珍珠公司）

2005年，法属波利尼西亚当地政府出台了相关规定，以规范大溪地的黑珍珠养殖及天然珍珠的开采。规定中明确了大溪地养殖珍珠的质量要求——珍珠层厚度不得低于0.8mm，否则会被认定为珍珠废料，禁止销售和出口；还提到大溪地部分珍珠通过一年一度的国际拍卖会出售。

图 2-6-11　不同颜色的大溪地黑珍珠

（图片提供/J Ocean Pearls 公司）

4. 南洋养殖珍珠

南洋珍珠产于南太平洋,其三大产地为澳大利亚、印度尼西亚和菲律宾。南洋珍珠具有独特的光泽,它源于快速沉积的珍珠质和温暖的海水。珍珠颜色通常为白色、银色和金色(图 2-6-12、图 2-6-13)。白色南洋珠的母贝是白蝶贝,个体较大。金色珍珠虽然目前在缅甸、马来西亚、日本、中国、澳大利亚等国都有产出,但是产量比较少。而且一般情况下,南洋金色珍珠与白色珍珠共生或伴生,只有印度尼西亚是世界上唯一独立养殖金色珍珠的国家。

图 2-6-12　白色到金色渐变的南洋珍珠项链

（图片提供/J Ocean Pearls 公司）

图 2-6-13　南洋金色珍珠

南洋珍珠是世界上收获的最大的商业养殖珍珠品种之一,其平均直径为13mm,大多数珍珠的直径范围为9～20mm(图2-6-14、图2-6-15)。南洋珍珠可以生长到如此大的尺寸,主要有四个方面的原因:

(1)母贝本身的体积较大,可以植入较大的珠核(通常珠核直径为9～12mm)。

(2)南洋海域水环境较热,加速了母贝的新陈代谢,促使其以更快的速度分泌珍珠质。

(3)南洋海域水质干净,浮游生物丰富,充足的食物供应也促进了珍珠质的产生。

(4)南洋珍珠的生长周期较长,Akoya珍珠在9～16个月后即可收获,而南洋珍珠至少需2年才能收获。

图2-6-14 南洋白色正圆形珍珠项链

(图片提供/J Ocean Pearls公司)

图2-6-15 南洋金色珍珠项链

(图片提供/J Ocean Pearls公司)

南洋珍珠在珠母贝长到12～17cm时可以进行插核,每次只能插一个核,因此也只能形成一颗珍珠。南洋珍珠的珍珠层特别厚(图2-6-16),一般为1.5～6mm,而日本Akoya珍珠的珍珠层厚度仅为0.35～0.6mm。

图2-6-16 南洋金色珍珠切开后,可以清楚地看到珍珠层的厚度

第七节 珍珠的加工及优化处理

为了使珍珠在销售时拥有较好的品相,如表面更光洁、颜色更白、光泽度更高等,以获得更高的商业价值,养殖珍珠一般会经过前后期加工,有时还需人工优化处理。下面以中国淡水珍珠为例介绍常见的珍珠加工及优化处理方法。

一、珍珠的加工

养殖珍珠采收后,会通过一系列的加工来改善珍珠的颜色、光泽及表面品质,主要包括清洗、分选、打孔、膨化、脱水、抛光、剥皮等工序。

1. 清洗

采收的珍珠如果不及时进行清洗,表面会蒙上一层白色薄膜,影响珍珠的品质。珍珠清洗时,通常先用盐水浸泡、揉擦,再用清水冲洗(图2-7-1)。

图2-7-1 淡水珍珠采收后的清洗
(图片提供/恒美珍珠有限公司)

2. 分选

珍珠清洗完毕后,需要先将品质不符合商业要求或没有商业价值的珍珠挑出来。主要包括以下几类:

(1)骨珠。指珍珠表面没有珠光,呈乳白色、棕色的珍珠。

(2)薄层珠或露核珠。指珍珠质没有良好地包裹珍珠,肉眼可以看到珠核的珍珠(图2-7-2)。

(3)生珠。指插核后生长时间过短的珍珠。

(4)皱纹珠、螺纹珠。指外观粗糙,珍珠表面呈现皱纹状或螺纹状的珍珠(图2-7-3)。

(5)瑕疵珠。指表面瑕疵过多,严重影响外观的珍珠。

(6)僵珠。指插珠核后,在收获珍珠前母蚌已经死亡的珍珠,或有严重品质问题的珍珠。

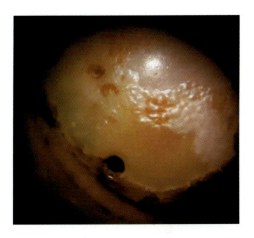

图2-7-2 露核严重的珍珠

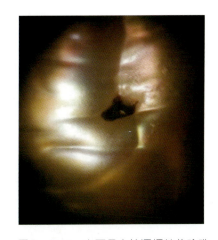

图2-7-3 表面具有较深螺纹的珍珠

(图片提供/法国宝石学协会理事会)

这些珍珠可作药用珍珠粉等用途。适合加工的珍珠再按品类及等级分选,进入相应的加工流程。

3. 打孔

珍珠打孔的目的,一方面是便于后期首饰加工,另一方面也使脱水、漂白、增白、染色等各道工序中的化学液体能够更好地渗透到珍珠内部。

常见的珍珠孔有两种:一种是完全穿过直径的全通孔,主要在珍珠串中使用;另一种是半孔,是在珍珠的某个位置往里钻一半或 1/3 左右,以便于珍珠镶嵌时插针胶结,这种孔常用于各种单颗镶嵌或群镶的珍珠首饰。

与之相对应,珍珠打孔机有单头和双头两种。单头打孔机适合打半孔,在打全通孔时,需要往一个方向钻到一定深度后,调整打孔方向,从珍珠的另一端再打孔,直至打穿。双头打孔机可从珍珠的两端同时打孔,打穿后停止。

打孔处通常选在珍珠的瑕疵部位,如小突起、小凹坑所在位置。打孔时需要注意孔径大小的选择。对于较小的珍珠,如大部分淡水珍珠及 Akoya 珍珠,要求打孔直径为 0.6~0.8mm;而对较大的珍珠(如大溪地珍珠),打孔直径为 0.8~1.2mm。打孔时,需注意每孔大小应当一致,不能有歪斜、喇叭口、珍珠崩裂等情况(图 2-7-4)。

图 2-7-4 打孔不当造成大溪地珍珠崩裂（图片摄影/C. Roux）

也有珍珠在出售前未打孔。这些珍珠往往品质较高,如表面瑕疵很少的淡水珍珠、高品质的异形淡水珍珠或者大量批发的单颗大溪地珍珠、南洋珍珠等。大部分的宝石级珍珠及异形珍珠(图 2-7-5)在出售前并不打孔,而是等到进行首饰镶嵌时,由珠宝商根据需要打孔。

图 2-7-5 异形海水珍珠

（图片提供/J Ocean Pearls 公司）

宝石级珍珠指具有较高的收藏价值,完美或接近完美的珍珠,通常需符合以下五点要求:

(1)珍珠具有强烈光泽,即镜面光泽或近金属光泽。

(2)珍珠个体较大。根据珍珠产地的不同,对于珍珠直径要求如下:日本 Akoya 珍珠达到直径 8mm 以上;中国淡水无核珍珠直径达到 10mm,中国淡水有核珍珠的直径达到 12mm;大溪地珍珠直径超过 12mm;南洋珍珠如白珠、金珠直径超过 12mm。

(3)珍珠形状完美,即正圆形或完美的水滴形、心形等。

(4)珍珠颜色美丽,如孔雀绿色的大溪地珍珠(图 2-7-6),有粉红色伴色的白色 Akoya 珍珠,葡萄紫色的中国淡水有核珍珠,白色或浓金色的南洋珍珠,等等。

(5)珍珠表面干净无瑕或基本无瑕,如果是有核珍珠,同时要求珍珠层的厚度达到国际通行的要求。

图 2-7-6 孔雀绿色大溪地珍珠

4. 膨化、脱水

由于珍珠的结构比较致密,圈层构造明显,漂白液、染色液等很难进入珍珠内层,所以有时需对珍珠进行膨化、脱水处理。膨化就是在不影响珍珠外观的前提下,通过膨化剂(如苯和氨水的混合液等)使珍珠的致密结构变得疏松些。

经过膨化处理的珍珠,有时还需要使用乙醇或纯甘油来进行脱水处理。在乙醇中加入少量石灰,将珍珠置于其中密封一天,便可将其内部的结晶水吸去。

5. 抛光

抛光是将珍珠的表面打磨光滑,以改善珍珠的圆度、表面光洁度和光泽。通常是将已漂白、增白、染色、晒干的珍珠放入抛光机的抛光斗内,同时加入小木块、小核桃壳、羊皮小块等辅料,和珍珠混合在抛光机内一起转动。抛光时,应注意抛光斗的转速保持适中,转速太快或太慢均达不到良好的抛光效果。

6. 剥皮

在只有天然珍珠出产的年代,需要手艺精湛的人对珍珠进行剥皮,以使珍珠得到近于完美的外观(图2-7-7)。养殖珍珠的剥皮一般只针对老化的珍珠,通过剥去其外皮,褪去氧化的珠层,来改善泛黄的光泽。不管是天然珍珠还是养殖珍珠,进行剥皮处理的前提都是珍珠层非常厚。

图2-7-7 T.B ELLIES是历史上有名的珍珠清洁师,他负责清理天然珍珠的缺陷,希望通过剥皮使珍珠重现美丽色泽

由于此种操作技术难度很大,一般由专门人员来完成,若操作不当,可能会毁掉整颗珍珠。目前,国内较少使用此方法,国外仍在采用。

二、珍珠的优化处理

对等级较低的珍珠进行优化处理,有助于提高其市场价值。优化处理方法有漂白(优化)、染色(处理)、辐照(处理)等。

1. 漂白

珍珠漂白技术于1949年由日本神户的藤堂安家发明。当时漂白使用的是双氧水(H_2O_2),时至今日,虽然漂白剂的种类得到了丰富,但这种液体仍在使用。通过漂白,可以去除珍珠内部的污物黑斑及珍珠层中的黄色色素,改善珍珠的外观光泽(图2-7-8、图2-7-9)。

珍珠漂白过程通常以化学漂白为主,同时借助光照、热分解、溶解脱色等辅助方法。使用漂白剂的同时,往往还会使用表面活性剂、pH稳定剂等。珍珠漂白剂的配方属于商业秘密。珍珠漂白设备一般包括可控漂白液温度和照度的光漂箱、物理处理装备、真空抽滤装备、抛光机、离心脱水机。

漂白过的珍珠还可以通过增白进一步提高白度(图2-7-10)。增白通常使用荧光增白剂(又称光学增白剂),它是利用光学作用,增加日光下珍珠白度的一种制剂。荧光增白剂可以反射日光中的红、橙、黄、绿、青、蓝、紫光谱,同时也可以吸收日光中肉眼不可见的紫外光线,反射为一种极为明亮的紫蓝光。荧光增白是漂白的提高补充,并不能单独代替漂白。

图2-7-8　经过漂白处理的中国淡水珍珠

图2-7-9　经过漂白处理的日本Akoya珍珠

图2-7-10　天然淡水珍珠(左)及经过增白的淡水珍珠(右)

(图2-7-8～图2-7-10摄影/C. Roux)

2. 染色

珍珠在染色前,需要先进行脱水处理。干燥脱水后抽真空,再将染色液放入抽滤瓶进行染色(图2-7-11)。对于染色不良(如未染上颜色)的珍珠,可以重新染色;而染色过度的珍珠,则可以使用乙醇或丙酮浸泡脱色,浸泡时间应当控制在能脱色到合适的颜色为止。某些染色珍珠可能褪色,这取决于使用的染料和对染色技的掌握。

市场上还常见通过硝酸盐溶液将浅色珍珠染成黑色或灰色的方法(图2-7-12)。具体做法是,将珍珠浸泡在硝酸盐溶液中,然后进行曝光,硝酸盐分解并沉积在珍珠的表面,从而使浅色珍珠获得黑色或灰色的外观。这种染色不会褪色。它通常被使用在淡水珍珠上,以模仿大溪地黑色、灰色珍珠等。

3. 辐照

淡水珍珠辐照后会变成灰色。有核养殖珍珠中的珠核在经过辐照处理后也可以变成黑色,使得珍珠整体呈灰色(图2-7-13)。

图2-7-11 经过染色的中国淡水珍珠
(图片提供/法国巴黎宝石学院)

图2-7-12 经硝酸盐染色后,淡水白色珍珠变成灰色或深灰色

图2-7-13 经辐照处理后由白色变为灰色的中国淡水有核珍珠
(图片提供/恒美珍珠有限公司)

第八节 珍珠仿品及珍珠的鉴别方法

一、常见的珍珠仿品

人工生产制造的珍珠仿品主要包括玻璃(塑料)仿珠、贝壳仿珠、覆膜珍珠这几类。

1. 玻璃(塑料)仿珠

由于人们喜爱珍珠,而天然珍珠极为稀少和难得,早在大约1600年,就有人尝试以空心玻璃为材料来仿制珍珠。法国人从青鱼鳞中提取出一种名为鸟嘌呤的物质,浓缩制成了仿珠涂覆材料——珍珠精。这些晶体被提取后以悬浮的形式存在于液体里。

将空心玻璃珠除去光泽,再注入蜡或胶使得珠子质量增加,然后在表面涂上珍珠精,就可以得到珍珠仿品。这类仿品在古老的饰品中常出现。相对于天然珍珠和养殖珍珠而言,涂覆珍珠精的玻璃(塑料)仿珠色泽比较呆板、单调,手感较轻,仿珠涂层的牢固度较差,容易在使用的过程中脱皮,有时表面还可以看到模具的痕迹(图2-8-1)。

图2-8-1 塑料仿珠表面的模具痕迹

2. 贝壳仿珠

贝壳仿珠是用贝类的壳磨制成圆球或其他形状,对其表面进行抛光、酸洗后涂上珍珠精制成,这种仿珠与天然珍珠在外观和密度上极为相似。

3. 覆膜珍珠

覆膜珍珠是在圆形的珠核表面覆上一层聚合物膜,使其呈现珍珠的光泽(图2-8-2)。由于时间久了膜可能会脱落,有时在打孔处,会看到脱落的涂覆表层(图2-8-3)。

图 2-8-2 覆膜珍珠外表光泽较强

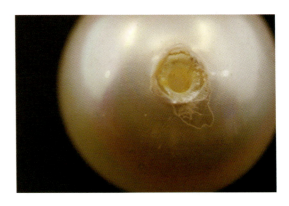
图 2-8-3 覆膜珍珠打孔处可见脱落的涂覆表层

（图片摄影/C. Roux）

二、珍珠的鉴别方法

"世界上没有两颗完全相同的珍珠，每颗珍珠都有自己的特点"，这种描述对天然珍珠、养殖珍珠和仿制珍珠同样适用。因此在鉴别珍珠时，首先应当仔细地观察每一处细节。

如何区分仿制珍珠、养殖珍珠、天然珍珠？总体来说，有破坏性与非破坏性两类方法。大多数情况下，人们会首选后者。

（一）养殖珍珠与仿制珍珠的鉴别

1. 非破坏性的鉴别方法

（1）比较手感。养殖珍珠手感较凉爽，而仿制珍珠的手感较温，并略有滑腻感。

（2）放大观察。养殖珍珠有其珍珠的纹理，在放大镜下仔细观察，可以看到像薄台阶式的层纹状碳酸钙结晶的状态（图 2-8-4），而仿制珍珠则呈现单调的类似鸡蛋表面的小坑（图 2-8-5）。

（3）看光泽。仔细观察，可以看到养殖珍珠泛出天然光泽，同一颗珍珠上其光泽常常不完全统一；而仿制珍珠的表面光泽则非常统一而单调。

（4）看形状。养殖珍珠的形状不一，有圆形、近圆形、椭圆形、异形等，同一条养殖珍珠项链上往往每一颗珍珠都略有不同；而仿制珍珠虽然有不同的形状，但仿制珍珠串成的项链上每颗珍珠形状基本保持一致。

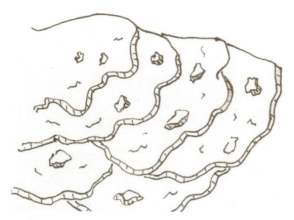

图2-8-4 养殖珍珠表面薄台阶式的层纹状碳酸钙结晶状态

图2-8-5 仿制珍珠表面的小坑

（图片摄影/C. Roux）

(5) 看涂层。观察仿制珍珠的打孔处,周围可见加厚的涂覆层或涂覆组织的碎片,而养殖珍珠没有涂覆层(图2-8-6、图2-8-7)。

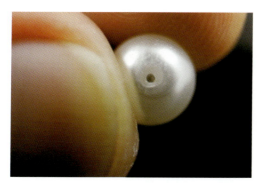

图2-8-6 涂覆珍珠精的塑料珠,打孔处可见脱落涂层

图2-8-7 无核养殖珍珠,打孔处可见珍珠层的同心层状结构

（图片摄影/C. Roux）

2. 破坏性的鉴别方法

(1) 轻轻用小刀刮珍珠表面,养殖珍珠有珍珠粉脱落,用手擦拭后,珍珠表面颜色、质地基本没有改变;而仿制珍珠经过小刀刮掉后,珍珠涂层被刮掉,露出内核(图2-8-8)。

(2) 将待检测样品放入丙酮液体中震摇数分钟后,养殖珍珠表面没有改变,而仿制珍珠的光泽则会消失。

（二）天然珍珠与养殖珍珠的鉴别

区别天然珍珠、有核养殖珍珠和无核养殖珍珠，可以使用肉眼观察法、强光照明法等。有时为了进一步验证，还需要专业人员借助宝石检测仪器，使用 X 射线法、内窥镜法、磁场法等。下面介绍其中几种。

图 2-8-8　仿制珍珠露出塑料内核

（图片摄影/C. Roux）

1. 肉眼观察法

天然珍珠质地细腻，结构均一，珍珠层厚，光泽强，多呈凝重的半透明状，外形多为不规则状，直径较小。养殖珍珠多为圆形、椭圆形、水滴形等，珍珠层较薄，珠光有时不及天然珍珠强，表面常有凹坑，质地松散。

2. 强光照明法

用强光（光纤灯或笔式电筒）透射珍珠，边转动边观察，在合适的角度可以看到有核养殖珍珠中珠核层状结构产生的条纹状图案，但珍珠层厚的有核养殖珍珠可能不显上述图案。采用强顶光照射珍珠，在某个角度也能看到薄表皮下珠核层状结构产生的平行带状反光。从珠孔观察有核养殖珍珠，可见其表面珍珠层与珠核之间有明显边界（图 2-8-9）。无核养殖珍珠或天然珍珠则显示一系列同心层，层与层之间没有明显界线，珍珠内部是浅黄色、浅褐色或黑色。

使用强光照明法无法区分无核养殖珍珠和天然珍珠。

3. 相对密度法

一般海水养殖珍珠因有珠核，相对密度较大，为 2.72～2.78，而天然珍珠和无核养殖珍珠较轻（图 2-8-10）。

用三溴甲烷（相对密度为 2.713）可以区分无核与有核珍珠。大部分（约 80％）天然珍珠或无核养殖珍珠在其中浮起，而大部分（90％）有核养殖珍珠则下沉。

这种方法可能会损伤珍珠层，应当谨慎使用。

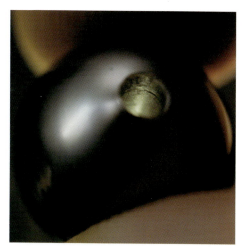 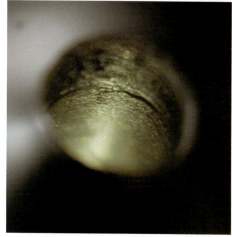

图2-8-9 从大溪地养殖珍珠的珠孔处观察到珠核与珍珠层之间有明显的边界线，珠核、珍珠层的结构与颜色略有不同

（图片摄影/C. Roux）

图2-8-10 白色海水有核养殖珍珠

（图片提供/J Ocean Pearls公司）

（三）改色黑珍珠的鉴别

珍珠的改色方法有染色、辐照等，通常可把珍珠染成彩色、黑色，或用各种射线将珍珠辐照成黑色来模仿市场价值更高或更受欢迎的珍珠。观察鉴别改色黑珍珠的具体方法如下。

1. 看颜色

观察表面,养殖黑珍珠的颜色有不同色调的黑色、灰色、绿色等(图2-8-11);而通过化学制剂染色得到的黑珍珠,颜色则是单调统一的黑色。

2. 看大小

由于内部插入了珠核,一般养殖黑珍珠都较大,直径为8~18mm;而通过化学制剂染色得到的黑珍珠一般使用等级较低的淡水无核珍珠作原料,直径有比较小的,如3.5~9mm。

图2-8-11 大溪地养殖黑珍珠

3. 看光泽、伴色、晕彩

观察表面,养殖黑珍珠有光泽,有时有伴色、晕彩等。而通过化学制剂染色得到的黑珍珠光泽比较黯淡。经过放射线辐照改色的黑珍珠,晕彩较强,但是颜色均匀,没有养殖黑珍珠颜色及伴色的多样性。

4. 看瑕疵

大溪地养殖黑珍珠除了螺纹珠等瑕疵珠外(图2-8-12),通常表面较光滑;而使用硝酸银染色的淡水珍珠,因珍珠层受到染料腐蚀,珍珠会出现其他瑕疵,如小的褶皱、斑点、裂隙等。

5. 看珠核

在放大情况下,观察黑珍珠打孔处,可见珠核与珍珠层之间界线明显;染色黑珍珠往往是由等级较低的淡水无核珍珠通过染色而成,因而没有珠核。

图2-8-12 表面有螺纹瑕疵的大溪地养殖黑珍珠

6. 看擦拭化学制剂是否掉色

对于部分改色黑珍珠,用白布蘸取化学剂擦拭其表面,若有掉色现象,可作为其经过染色的证据。但这种方法对于经辐照处理或用硝酸银染色的珍珠效果并不明显。

除上述观察方法外,还可以利用红外光谱、拉曼光谱、X射线衍射及扫描电镜等先进的测试技术来鉴别不同类型、不同成因的珍珠。

第九节 珍珠质量评价与分级

珍珠的价值取决于其质量的优劣。对珍珠进行分级时,主要从颜色、大小、形状、光泽、光洁度这五个方面进行考量。此外,若评价的是海水珍珠,还应观察其珠层厚度;若鉴定的是由多粒珍珠组成的饰品,则整体的匹配性也在质量分级的考量范围内(图2-9-1)。

图2-9-1 高光泽的天女珍珠项链

一、颜色

提及珍珠的颜色,有体色、伴色及晕彩三个概念。

体色是珍珠的主体颜色,常见的有白色、粉红色、奶油色、象牙色、黄色、黑色、灰色、浅绿色等(图2-9-2)。

伴色是指珍珠表面上呈现的、叠加在体色上的一种或多种颜色。并非所有的珍珠都有伴色,珍珠的伴色主要有玫红色、绿色、银白色、铜红色等。好的伴色会增加珍珠的美感,并获得更高的价值认同。白色日本Akoya珍珠常常有粉红色的伴色。大溪地黑珍珠则有绿色、粉红色、玫红色、紫色等不同颜色的伴色(图2-9-3)。

晕彩是在不同角度观察珍珠时产生的一种可变化的彩虹色彩,它是珍珠光泽、体色与伴色综合作用的视觉感受。明显的晕彩能增加珍珠的美感。

对颜色的描述一般以体色描述为主,伴色和晕彩描述为辅。

有机宝石鉴赏

珍珠 琥珀 珊瑚

图2-9-2 K金钻石镶嵌的大溪地珍珠吊坠,珍珠体色为浅绿色 (图片摄影/C. Roux)

图2-9-3 粉色碧玺和钻石镶嵌的大溪地珍珠耳环,珍珠体色为黑色,有玫红色、绿色伴色

国际市场上的珍珠可大体分成五大色系:

(1)白色系珍珠。如日本珍珠、南洋白色珍珠、中国的海水珍珠及部分淡水珍珠。

(2)红色系珍珠。如粉红色、杏色、紫红色等。

(3)黑色系珍珠。包括大溪地黑珍珠中的黑色、紫黑色、蓝黑色、灰色等品种。

(4)黄色系珍珠。包括浅黄色、米黄色、金黄色、橙黄色等品种。金黄色珍珠以南洋金色珍珠为代表,其颜色为浓金色—浅金色。另外,中国淡水珍珠中也有浅黄色、米黄色、橙黄色珍珠出产。

(5)其他彩色珍珠。如紫色、橙色、蓝色和绿色等颜色的珍珠,紫色和橙色珍珠在淡水养殖珍珠中常见。

在五大色系的珍珠中,白色是产量最大的主流色系。白色南洋珍珠及其他海水养殖珍珠近年来产量一直增加,其价格相对有所调整(图2-9-4)。但总体而论,在白色系珍珠中,南洋珍珠的价格仍然是最高的。

而大溪地珍珠由于宣传及质量控制方面做得比较好(图2-9-5),市场价格高且稳定,其中孔雀绿色的大溪地珍珠最受市场欢迎。

按照市场对各种珍珠颜色的喜爱程度,大溪地珍珠(图2-9-6、图2-9-7)颜色等级如下(颜色等级有时会根据当地人偏爱色彩的变化而有相应的调整):

优雅迷人的宝石皇后——珍珠 第二章

图2-9-4 白色海水养殖珍珠项链

（图片提供/J Ocean Pearls 公司）

图2-9-5 大溪地黑珍珠

（图片摄影/C. Roux）

图2-9-6 孔雀绿色、黑色、灰色、浅绿色、棕色等不同颜色的大溪地珍珠

图2-9-7 多色并存的大溪地珍珠，一端呈浅灰色，一端呈黑灰色，中间呈绿色

（图片摄影/C. Roux）

A——孔雀绿色（深绿色珍珠中有玫红色、蓝紫色等伴色）；

B——深色系列，包括深黑色、深紫色、深蓝色等；

C——银灰色、浅绿色等；

D——浅蓝色、深灰色、深褐色等；

E——浅褐色等。

对南洋金色珍珠来说，金色越浓烈，则质量等级越高。其颜色等级为浓金色（A）—金色（B）—淡金色（C）—香槟金色（D）—奶油色（E）（图2-9-8、图2-9-9）。

图2-9-8　浓金色南洋珍珠项链

图2-9-9　金色南洋珍珠

淡水有核珍珠颜色有紫色、紫红色、粉红色、金色、米白色、白色等，其中颜色等级最高的是葡萄紫色和金色系列（图2-9-10）。

图2-9-10　葡萄紫色淡水有核珍珠

淡水无核珍珠的颜色以白色最受欢迎,这是珍珠最主流的色彩。其他自然形成的颜色如紫色、粉色、橙色、银色、金色等,也受到市场的欢迎(图2-9-11)。

图2-9-11 不同颜色及形状的淡水无核珍珠

(图片摄影/C. Roux)

二、大小

珍珠的大小指单粒珍珠的尺寸,正圆形、圆形、近圆形珍珠以最小直径来表示,其他形状珍珠以最大尺寸乘最小尺寸表示,批量散珠可以用珍珠筛的孔径范围表示。

对于天然珍珠而言,同等级别珍珠个体越大,等级越高。

在对养殖珍珠大小进行评级前,需要对不同类珍珠可产出的最大尺寸有所了解。比如,日本Akoya珍珠的最大直径为9~9.5mm,因此,就这类珍珠而言,直径在7mm以下的,属于较小的珍珠;直径7~8mm的珍珠为中等大小;直径9~9.5mm的珍珠等级较高。

在中国淡水无核养殖珍珠中,最小的称小米珠,直径2~7mm属于较小的珍珠,7~8.5mm属于中等大小的珍珠,9mm及以上属于较大珍珠。

而在对中国淡水有核珍珠、大溪地珍珠、南洋珍珠进行评级时,因为珠核本身较大,故直径8~9.5mm是较小的珍珠,10~12.5mm为中等大小,较大的珍珠直径在13mm及以上。

测量珍珠直径时,需要反复测量珍珠的不同方向,以了解珍珠的最大直径及最小直径。不同直径的珍珠大小对比如图2-9-12所示。

图2-9-12 不同直径的珍珠大小对比

三、形状

形状是影响珍珠品质最重要的因素之一(图2-9-13)。在国际珍珠市场上,正圆形的珍珠最受欢迎,价格也最高。但除了正圆珠或近圆珠外,形态规则,特别是较容易镶嵌搭配、形态规则的珍珠也会有较高的价格,例如水滴形、梨形、椭圆形、纽扣形的珍珠(图2-9-14)。形态不规则的珍珠又称异形珠,它光泽强烈而有特殊的审美诉求,往往能呈现出较好的动物造型或者几粒形态特殊的珍珠能组成有特殊意义的图案,在国际珍珠市场上也较受欢迎(图2-9-15)。

图2-9-13 珍珠常见形状示意图

根据国家标准《珍珠分级》(GB/T 18781—2008),海水及淡水无核珍珠的形状级别见表2-9-1、表2-9-2。

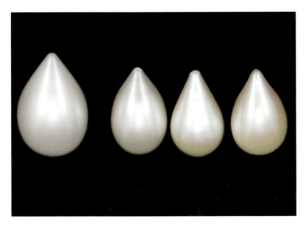
图2-9-14 形状较完美的水滴形、梨形淡水珍珠，尖端处形状较尖，过渡圆顺 （图片摄影/C. Roux）

图2-9-15 淡水无核异形珍珠镶嵌饰品

表2-9-1 海水珍珠形状级别

形状级别		直径差百分比/%
中文	英文代号	
正圆形	A_1	≤1.0%
圆形	A_2	≤5.0%
近圆形	A_3	≤10.0%
椭圆形[a]	B	>10.0%
扁平形	C	具有对称性,有一面或两面呈近似平面状
异形	D	通常表面不平坦,没有明显对称性

[a] 含水滴形、梨形

表2-9-2 淡水无核珍珠形状级别

形状类别及级别			直径差百分比/%
	中文	英文代号	
圆形类	正圆形	A_1	≤3.0%
	圆形	A_2	≤8.0%
	近圆形	A_3	≤12.0%

续表 2-9-2

形状类别及级别		直径差百分比/%
中文	英文代号	
椭圆形类 短椭圆形	B₁	≤20.0%
长椭圆形[a]	B₂	>20.0%
扁圆形类[b] 高形	C₁	≤20.0%
低形	C₂	>20.0%
异形	D	通常表面不平坦,没有明显对称性

[a] 含水滴形、梨形；[b] 具对称性,有一面或两面呈近似平面状

四、光泽

珍珠的魅力在很大程度上源于其美丽的光泽(图 2-9-16、图 2-9-17)。珍珠光泽是指珍珠表面反射光的强度及映象的清晰程度,它的产生是珍珠内部多层结构对光的反射、折射和干涉等综合作用的结果。

图 2-9-16　表面有着强烈光泽的大溪地珍珠　　图 2-9-17　有着较强光泽的南洋金色珍珠
(图片提供/恒美珍珠有限公司)

珍珠的光泽强度与珍珠层的厚度和结构有关。一般来说,珍珠层越厚,层内文石片晶排列越致密,则光泽越强。

根据国家标准,珍珠光泽一般划分为极强、强、中和弱四个等级,但对海水珍珠的要求更高(图 2-9-18,表 2-9-3)。

| 弱 | 中 | 强 | 极强 |

图 2-9-18 珍珠光泽强度示意图

表 2-9-3 养殖珍珠光泽质量要求

光泽级别		海水养殖珍珠质量要求	淡水养殖珍珠质量要求
极强	A	反射光特别明亮、锐利、均匀,表面像镜子,映象很清晰	反射光很明亮、锐利、均匀,映象很清晰
强	B	反射光明亮、锐利、均匀,映象清晰	反射光明亮,表面能见物体影像
中	C	反射光明亮,表面能见物体影像	反射光不明亮,表面能照见物体,但影像较模糊
弱	D	反射光较弱,表面能照见物体,但影像较模糊	反射光全部为漫反射光,表面光泽呆滞,几乎无映象

五、光洁度

珍珠的光洁度,又称珍珠皮质、皮光、净度、瑕疵度,它是指珍珠表层结构致密、细腻、光滑的程度,或者是表面瑕疵的明显程度。

珍珠表面常见的瑕疵包括隆起、螺纹、裂纹、凹坑、黑点、污损、斑点、划痕、缺口、针尖以及珠层剥落等(图 2-9-19)。其中,由于珍珠层太薄,对珠核的包裹不完全及破口和剥落对珍珠质量的影响最严重。瑕疵的多少及分布决定了珍珠的表面光洁度,也直接影响到珍珠的质量及价值(表 2-9-4)。

请注意,检查珍珠的表面需要像测量珍珠直径一样,反复地旋转珍珠,仔细地检查珍珠表面的每个位置。

图 2-9-19 表面有小凹坑的大溪地珍珠

（图片摄影/C. Roux）

表 2-9-4 珍珠光洁度级别

光洁度级别		质量要求
中文	英文代号	
无瑕	A	肉眼观察表面光滑细腻，极难观察到表面有瑕疵
微瑕	B	表面有非常少的瑕疵，似针点状，肉眼较难观察到
小瑕	C	有较小的瑕疵，肉眼易观察到
瑕疵	D	瑕疵明显，占表面积的 1/4 以下
重瑕	E	瑕疵很明显，严重的占表面积的 1/4 以上

六、珠层厚度

海水珍珠多为有核养殖，在对其进行质量评定时，还需考虑珠层厚度。通常情况下，珠层厚度越大，珍珠的光泽就越强，珍珠的价值也就越高。如果珍珠层过薄，会非常影响珍珠的佩戴效果。珠层厚度是指植入的珠核表面到珍珠表层之间的距离，它主要与养殖时间及生长速度有关，后者又和养殖环境有关。

根据国家标准，海水珍珠珠层厚度可分为五个级别，分别为：特厚（≥0.6mm）、厚（≥0.5mm）、中（≥0.4mm）、薄（≥0.3mm）、极薄（<0.3mm）。

南洋珍珠的珍珠层较厚,通常有1.5~6mm;大溪地珍珠的珍珠层厚度要求不低于0.8mm,否则会被认定为珍珠废料,禁止销售和出口。

Akoya珍珠有普通珍珠(珍珠层厚0.35mm)、花珠、天女珍珠三个等级。

Akoya珍珠在经过养殖、分级后,剩余最后约28%的优良珍珠。其中,只有位于品质等级金字塔顶端约5%的高品质珍珠被称为花珠。根据日本真珠科学研究所的标准,对花珠的评定需要满足以下几点:

(1)直径在6mm以上的白色系Akoya珍珠;
(2)珠层厚度在0.4mm以上;
(3)形状在半圆的容许范围内,正圆形或近圆形。
(4)微瑕,至少95%的表面没有瑕疵。
(5)光泽和亮度、伴色均符合真珠科学研究所标准。

比花珠等级更高的是天女珍珠(图2-9-20、图2-9-21)。天女珍珠首先是花珠的一种,但与花珠相比,天女珍珠表面瑕疵更少,光泽更强。通过透光仪器鉴定,能看到Akoya珍珠经典的三种干涉色即白、粉、青(或蓝)共存的花珠才能称为天女珍珠。

图2-9-20 天女珍珠项链

(图片提供/恒美珍珠有限公司)

图2-9-21 带有日本真珠科学研究所品质证书的日本Akoya天女珍珠项链

(图片提供/恒美珍珠有限公司)

七、匹配性

珍珠可以制作成多元化的饰品,若饰品只含单颗珍珠,则进行品质鉴定时,只看其颜色、形状、大小、光泽、光洁度即可;若饰品由多粒珍珠组成,如珍珠项链、珍珠手链等，则在以上五点之外，还需特别考察珍珠的匹配性，要求整件饰品的珍珠都整齐划一。如果将一些不同质量品级的珍珠搭配在一起，会降低高品质珍珠的价值，同时也使整串珍珠的品级受到影响。

多粒珍珠饰品中养殖珍珠的匹配性可划分为很好、好、一般三个级别(表2-9-5)。

表2-9-5 珍珠匹配性级别

匹配性级别		品质要求
中文	英文代号	
很好	A	形状、光泽、光洁度等一致，颜色、大小和谐有美感或呈渐进式变化，孔眼居中且直，光洁无毛边
好	B	形状、光泽、光洁度等稍有出入，颜色、大小较和谐或基本呈渐进式变化，孔眼居中无毛边
一般	C	颜色、大小、形状、光泽、光洁度有较明显区别，孔眼稍歪斜并且有毛边

对珍珠进行分级，应该遵守以下规则：

(1)珍珠分级是通过观察者的肉眼进行的，要求具备适宜的灯光强度。应在白色灯光下观察珍珠的体色、伴色、晕彩三方面，综合描述评判珍珠的颜色。

(2)在平坦、亚光、白色柔软的布面上进行观察。

(3)观察过程中应充分转动珍珠，以确保观察到珍珠的每一面。尤其是镶嵌成品或珠串饰品(图2-9-22、图2-9-23)。需要分级人员全方位观察珍珠，仔细检查被金属遮挡的位置及两粒珍珠相接触的位置，认真记录表面瑕疵种类、多少及分布情况，以尽可能给出准确的判断。

(4)测量珍珠的直径时，应反复从珍珠的不同方位测量，同时计算出最大和最小直径差。

(5)对有核珍珠进行分级时，可以通过珍珠孔来仔细观察测量珍珠层的厚度。

(6)应当尽可能地将需要观察分级的珍珠与其他珍珠进行比较，尤其是同已经过分级的珍珠进行比较。

图2-9-22 镶嵌钻石、18K白金的
Akoya天女珍珠项链

图2-9-23 镶嵌后的珍珠饰品

（图片提供/深圳市壹海珠文化创意有限公司）

第十节 珍珠的保养和收藏

珍珠的摩氏硬度为2.5～4.5，韧性中等，稳定性较差。虽然珍珠的硬度不高、稳定性不强，但如果保养得当，也可以长久保存。

我们在佩戴、收藏和清洁珍珠首饰（图2-10-1）时要注意以下事项。

1. 远离酸性物质

珍珠非常容易受到酸的侵蚀，即使是浓度很低的酸或酸性物质也应远离。很多人贴身佩戴珍珠首饰，取下后直接放入盒中收藏，一段时间后即发现珍珠光泽大不如前，其实是因为人体皮肤分泌的汗液也是弱酸性物质。所以，珍珠在佩戴后，最好先用纯净水浸湿柔软的布，擦拭干净后，立即用干而柔软的布擦干。

2. 远离热源

蛋白质和水是珍珠的重要组成部分。高温会使水分蒸发，使蛋白质老化，严重破坏珍珠的结构，轻则使珍珠变黄、变暗，重则使其完全碎裂。高温也会使辅助珍珠镶嵌的珠宝用胶熔化或老化，造成珍珠脱落。同时，珍珠应当避免热冲击，如打开厨房烤箱、蒸锅时，不适宜佩戴珍珠饰品。修理首饰的珠宝火枪，也应该远离珍珠饰品。

有机宝石鉴赏

珍珠　琥珀　珊瑚

图 2-10-1　不同款式的珍珠镶嵌设计珠宝
（图片提供/深圳市壹海珠文化创意有限公司）

3. 远离具漂白性的物质和环境

珍珠由有机色素致色，当遇到漂白物质，如消毒液、双氧水及很多日常清洁剂时，就容易被漂白褪色，特别是金珍珠和黑珍珠（图 2-10-2）。

图 2-10-2 大溪地黑珍珠项链

（图片提供/J Ocean Pearls 公司）

4. 避免在水中浸泡

在游泳、洗澡、蒸桑拿、泡温泉时，不宜佩戴珍珠饰品。洗手时，也应取下珍珠戒指。一方面，水中含有硫和氯的物质会腐蚀首饰的 K 金部分（图 2-10-3）；另一方面，饰品在水中容易滑脱丢失，在水中浸泡也会影响珍珠黏结部分的牢固性。另外，珍珠项链浸水，也会影响到项链穿线绳的牢固度及伸缩度。

5. 避免接触香水、化妆品

香水、化妆品会渗入到珍珠的结构中，污染珍珠，使珍珠变色。佩戴珍珠者，应该在使用香水、化妆品的 30min 后，再佩戴珍珠饰品。珍珠首饰也应该避免与发胶接触。

6. 单独存放

珍珠硬度不高，在收藏时，应与宝石类、金属类的首饰分开，将珍珠单独置于柔软的布袋或首饰盒里，放在空气流通并有相对湿度的环境中。成串的珍珠应当平放，以防止拉伸串线。

7. 适度保养

珍珠镶嵌饰品需要经常检查镶嵌牢固度。珍珠项链建议每两年更换一次串绳，佩戴频率越高，间隔时间应越短（图 2-10-4）。

有机宝石鉴赏

珍珠 琥珀 珊瑚

图2-10-3 淡水珍珠K金项链
（图片提供/法国 Femme de Bijoux 珠宝公司）

图2-10-4 白色海水珍珠项链
（图片提供/J Ocean Pearls 公司）

第三章　千万年的"时间胶囊"——琥珀

第一节　琥珀的成因及主要产地

璀璨似金，晶莹华丽，温润如玉，千万年自然造化的琥珀具有丰富的色彩和美丽的外观。它是民间广为流传的神物与灵验之物。佛教也视琥珀为圣物，尤其是在藏传佛教中，琥珀被大量使用。在基督教和天主教中，琥珀也被赋予了美好的宗教意义。在古时的地中海和波罗的海地区，人们将琥珀看作护身符，相信佩戴琥珀有利于保持健康。在当代的西方国家，琥珀也是广为使用的装饰和佩饰用品（图3-1-1），在欧洲有为婴幼儿佩戴琥珀项链的传统，人们认为佩戴琥珀可以减轻婴幼儿乳牙萌出时的疼痛。

图3-1-1　不同颜色的琥珀项链和手链

（图片摄影/C. Roux）

中文的琥珀一词最早来源于"虎魄",意为老虎的魂魄,因为那时的人们认为琥珀是"虎毙,魄入地而成"。因为琥珀形态与玉石相似,所以在原字形中增加玉字旁,形成"琥珀"二字。而对琥珀成因有初步认识的,则首推西晋张华的《博物志》:"松柏脂入地千年化为茯苓,茯苓化为琥珀。"

那么,琥珀究竟是什么?它是如何形成的?琥珀又是如何让时空在此一刻凝结,生命在彼一处永存的呢?

一、琥珀的成因

琥珀是植物树脂在漫长的地质历史时期中形成的一种石化型有机宝石材料。数千万年前,为了抵御疾病和昆虫袭击,松柏类植物的树皮会分泌树脂。树脂飘逸香味,各种小动物闻香而来。由于树脂十分黏稠,小动物一旦被粘住就难以逃脱。树脂缓缓地将各种小动物和落下来的树叶、花朵、羽毛等包裹住(图3-1-2、图3-1-3)。由于树脂隔绝了空气和水,被封包在其中的动植物没有了氧化腐烂的媒介,因而动植物特征能够被完整地保留下来。

图3-1-2 被封存在琥珀中的昆虫

图3-1-3 内有羽毛和气泡的蓝色琥珀

(图片提供/润特蓝珀)

琥珀的形成可分为三个阶段:

(1)树脂从松柏类树木中分泌出来,这一阶段时间最短。

(2)树脂凝固脱落,被掩埋在森林土壤中,与空气隔绝开来。在几百万年的时间内,树脂在不断升高的温度和压力的作用下,结构、特征和成分都发生了明显的变化,成为半石化树脂。几百万年对于人类来说何其漫长,但是对于琥珀来说,却只是形成的初期阶段。石化时间不够长的半石化树脂又称为柯巴树脂(英文为 Copal)(图 3-1-4)。

图 3-1-4　浅黄色、较透明、含植物碎屑和气泡包裹体的柯巴树脂

(图片摄影/C. Roux)

(3)半石化树脂被冲刷、搬运和沉积,经成岩作用形成成熟的石化树脂,即琥珀。这一阶段常常要经历上千万年的时间。

当然,不同种类的树脂也会形成不同种类的琥珀。有着动植物包裹体的天然琥珀是珍贵的地球发展史的可靠证据,也是极其难得的标本。因为琥珀的存在,这些远古时期的生物活动证据被鲜活地展现在人们眼前。这些"活化石"标本是博物馆和收藏爱好者的珍藏物,也是科学家们的研究对象(图 3-1-5)。

图 3-1-5　内部有昆虫包裹体的琥珀

(图片提供/润特蓝珀)

二、琥珀形成的地质年代和主要产地

研究表明,琥珀形成于距今3亿～1000万年之间。目前所发现的琥珀,最早形成于石炭纪,世界各地的琥珀主要产生于白垩纪和第三纪(古近纪和新近纪)。

(一)白垩纪琥珀

白垩纪开始于1.45亿年前,结束于6600万年前,它因欧洲西部该年代的地层主要为白垩沉积而得名。典型的白垩纪琥珀产地包括西班牙、黎巴嫩、缅甸、新泽西、加拿大和法国。

1. 西班牙琥珀

1998年,西班牙举行了第一届世界琥珀包裹体大会。大会选择在西班牙举行的一个重要原因是西班牙琥珀形成时间久远,可以追溯到白垩纪早期,具有重要的研究价值。琥珀内部包裹的生物品种丰富,有些昆虫完整清晰,是白垩纪古生物研究的重要依据。西班牙琥珀颜色有黄色、橙色、红色等。

2. 黎巴嫩琥珀

黎巴嫩以及周围邻国如叙利亚、约旦、以色列的山区里有几处琥珀矿,这些琥珀形成于距今1.35亿～1.2亿年之间,是世界上最古老的琥珀矿之一。这里的琥珀一般为黄色系,通常有大量裂纹,因而韧性相对较差,几乎没有做珠宝或雕刻件的价值。黎巴嫩琥珀内部呈现出各种各样的包裹体,如气泡和液体包裹体等。

3. 缅甸琥珀

缅甸琥珀的形成年代久远,且其开采历史悠久。缅甸琥珀的形成年代一般为距今1亿～8000万年,琥珀的硬度往往较高。缅甸琥珀的颜色非常丰富,品种有血珀、茶珀、金珀、棕红色琥珀,以及同时包括红、绿两色的彩虹琥珀(图3-1-6、图3-1-7)。缅甸的根珀是由方解石入侵琥珀而形成的,琥珀和方解石相绞相和,形成了天然的多色纹理。

英国自然历史博物馆展示过一大块深红色的缅甸琥珀,其厚度有20cm,质量超过15kg,它被发现于缅甸的胡康河谷中,很可能是在死树的空洞中堆积的树脂化石。而在2018年5月9日开幕的第十四届深圳国际文化产业博览会松岗(国际)琥珀交易市场分会场上,展示了一块重达199kg的巨型缅甸琥珀。

图3-1-6 缅甸金珀

图3-1-7 缅甸棕红色琥珀

（图片提供/上海东陈珠宝设计鲤米工作室）

4. 新泽西琥珀

美国国内有多个地方产出琥珀，但其中世界知名的琥珀矿，当数发现于1995年的新泽西州琥珀矿。新泽西琥珀形成于距今9400万～9000万年之间。某些珍贵的新泽西琥珀内部含有白垩纪的植物包裹体，如非常微小的花朵、正在靠近花朵的小昆虫以及古老的花卉品种等。这些琥珀中的天然动植物包裹体为古生物学者提供了珍贵的研究资料。

5. 加拿大琥珀

形成于距今8000万～7000万年前的加拿大琥珀，被发现已有一个多世纪的历史，但只有少量被收集或用于珠宝和装饰。主要矿床位于赛达湖周围地区。加拿大琥珀的颜色主要为浅棕色、棕色。被发现的琥珀中有的包裹了熊的毛皮组织、蜘蛛网及不同种类的昆虫等。

6. 法国琥珀

法国琥珀的发现地较为分散，比较大的产区在法国北部瓦兹省和法国南部。其中法国南部发现有形成于白垩纪中期的红色琥珀（图3-1-8）。

(二)第三纪琥珀

第三纪开始于6600万年前,结束于258万年前,大部分的宝石级琥珀在此时期形成(4000万~1500万年)。这些琥珀的代表性产地包括中国、波罗的海、多米尼加、墨西哥等。

1. 中国琥珀

中国琥珀形成于距今5800万~3500万年之间,主要产区在辽宁抚顺、河南西峡和福建漳浦。

其中,抚顺是中国宝石级琥珀的重要产地。抚顺琥珀形成于5800万~5000万年前

图3-1-8 形成于白垩纪中期的法国红色琥珀,为欧洲较为典型的刻面琢型琥珀

的抚顺西露天煤矿。因为它与煤层伴生,当地人称琥珀为"煤黄"。抚顺琥珀多是透明的,颜色较深,流纹丰富,呈棕黄色、黄色、红色或黑色。2010年,抚顺市成立抚顺煤精琥珀博物馆,用以向公众展示琥珀和煤精的历史与艺术。馆内收藏了有关煤精和琥珀艺术的历史资料,以及有代表性的、精美的煤精和琥珀雕刻作品。传统的抚顺琥珀和煤精雕刻匠人们手艺精湛,其雕刻工艺在2014年被列入国家级非物质文化遗产保护名录。

2. 波罗的海琥珀

波罗的海被挪威、瑞典、芬兰、爱沙尼亚、拉脱维亚、立陶宛、俄罗斯、德国、丹麦等国家包围。波罗的海地区是目前最重要的商业琥珀来源之一,其琥珀产量占全球总产量的一半以上。

波罗的海琥珀形成于距今5000万~4000万年之间,彼时的波罗的海周边区域有大片的分泌树脂的森林。在亚热带气候影响下,大量的树脂被雨水和河流运送到纳维亚半岛的三角洲地带,并进入常年的被埋藏阶段。在之后的几百万年内,气候发生变化,之前的森林消失,被埋藏在土层里的树脂慢慢地石化成了琥珀。

波罗的海最大的琥珀矿床位于俄罗斯靠近加里列格勒的萨姆兰特半岛附近。波兰城市格但斯克是波罗的海琥珀的集散地。波罗的海琥珀颜色丰富,有象牙白、黄色系列、橙红色系列等(图3-1-9~图3-1-12)。

图 3-1-9　波罗的海金珀雕刻件

（图片提供/深圳福临珠宝设计有限公司）

图 3-1-10　波罗的海血珀耳饰

（图片提供/彬彬琥珀）

图 3-1-11　波罗的海琥珀雕刻件

（图片提供/彬彬琥珀）

图 3-1-12　波罗的海琥珀首饰

（图片提供/法国 OPALOOK 琥珀公司）

3. 多米尼加琥珀

多米尼加琥珀形成于距今 3300 万～1500 万年，琥珀原料通常没有或包含少量气泡,内部包裹体较容易观察。同时,部分多米尼加琥珀中封存了距今约 2000 万年的热带森林动植物,是科研用琥珀的重要来源之一。琥珀颜色以黄色系列为主,有柠檬黄到深黄色、棕黄色、红色以及比较罕见的蓝色。

多米尼加蓝珀通常是半透明的,非常独特,其蓝绿色荧光可能是因为树脂反复经过自然高温活动(如火山活动、森林火灾)而形成。在黑色背景下,可以更加清楚地观察并欣赏到蓝珀的蓝色(图 3-1-13、图 3-1-14)。多米尼加蓝珀的产量比较低,颜色纯正、形态良好的高品质蓝珀更加稀少。非常值得一提的是多米尼加蓝珀独有的品种——天空蓝,这种蓝色琥珀通体清澈,荧光强度比较高(图 3-1-15)。

图 3-1-13　多米尼加蓝珀雕刻件《丝绸之路》

(图片提供/润特蓝珀)

图 3-1-14　多米尼加蓝珀雕刻件《一鸣惊人》

(左:白光,浅色背景;中:紫外光,深色背景;右:白光,深色背景;图片提供/润特蓝珀)

千万年的"时间胶囊"——琥珀 第三章

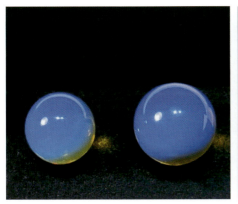

图 3-1-15 通体清澈的多米尼加天空蓝蓝珀

(图片提供/润特蓝珀)

4. 墨西哥琥珀

墨西哥与多米尼加同属加勒比海地区,所产出的琥珀形成于距今 3000 万～2000 万年。墨西哥琥珀矿区位于恰帕斯州,琥珀出产量远低于波罗的海地区和多米尼加。墨西哥琥珀通常为半透明,内部动植物包裹体丰富多样(图 3-1-16、图 3-1-17)。琥珀颜色一般为黄色至棕色、黑色、蓝色,也有带红色色调的(图 3-1-18、图 3-1-19)。墨西哥蓝珀和多米尼加蓝珀的蓝色有所不同。

图 3-1-16　内部有小蜗牛包裹体及植物残片的墨西哥琥珀

(图片提供/润特蓝珀)

图 3-1-17　内部有小昆虫及树枝残片的墨西哥琥珀

(图片提供/润特蓝珀)

71

有机宝石鉴赏　珍珠　琥珀　珊瑚

图3-1-18　产自墨西哥的红蓝色琥珀

（左：紫外光，深色背景；右：白光，深色背景，图片提供/润特蓝珀）

图3-1-19　保留有部分褐红色外皮的墨西哥蓝珀

（图片提供/润特蓝珀）

第二节　琥珀的分类

琥珀的分类标准多种多样。从开采和发现的地域地理条件、用途、透明度、颜色、产地、包裹体等角度，都可划分出许多类别，现对其中几种分类方法加以介绍。

一、按开采和发现的地域地理条件分类

根据开采和发现的地域地理条件的不同,琥珀大概可分为矿珀和海珀两种类型。

矿珀,指发现于矿山或山谷、砂砾岩以及煤层等地层中的琥珀(图3-2-1、图3-2-2)。它又分为原生矿珀和次生矿珀。原生矿珀,是指未经过外力搬运,沉积在原地而形成的琥珀,如产于煤层中的辽宁抚顺琥珀。而次生矿珀是在漫长的形成过程中经过了流水、冰川等外力搬运在异地沉积的琥珀。

图3-2-1 经过初步打磨的矿珀原石　　图3-2-2 部分位置经过打磨的蓝珀矿珀原石

(图片提供/润特蓝珀)

海珀,指被海水侵蚀、沉积在海岸边或发现于海水中的琥珀(图3-2-3)。琥珀市场上的海珀远比矿珀稀少。

二、按用途分类

根据用途的不同,琥珀又可分为科研用琥珀、收藏用琥珀、珠宝首饰用琥珀、装饰用琥珀、药用琥珀等。

1. 科研用琥珀

科研用琥珀对琥珀的形成年代、所处的地质环境、内部包裹体的种类、包裹物的完整性等有比较高的要求。科研用琥珀往往需要最大限度地展示琥珀内部包裹体

有机宝石鉴赏　珍珠　琥珀　珊瑚

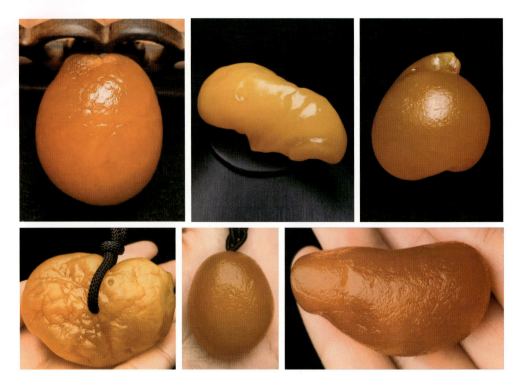

图 3-2-3　不同形状、颜色、纹理的海珀原石

(图片提供/蜜源琥珀)

的形态,因此需要根据包裹体的形态、大小对琥珀进行切割和打磨。远古时期的、内部有完整或较为完整的稀有动植物的琥珀最为珍贵(图 3-2-4)。

图 3-2-4　可见完整昆虫包裹物的琥珀

(图片摄影/Géry Parent)

2. 收藏用琥珀

收藏用琥珀分为科研类收藏琥珀和宝石类收藏琥珀两种。如果是科研类收藏,则参考科研用琥珀的要求。如果是宝石类收藏,则对琥珀的大小、颜色、透明度、表面瑕疵度及清洁程度要求很高——琥珀应达到宝石级,即完全没有经过人工优化处理,块体大,颜色饱和度高,雕工细腻、精美。若是透明的琥珀,则要求透明度高;若是不透明的蜜蜡,则要求蜡质细腻等(图3-2-5)。

图3-2-5 等级较高的老蜜蜡手链

(图片提供/蜜源琥珀)

3. 珠宝首饰用琥珀

珠宝首饰用琥珀对琥珀的颜色、质地、透明度等要求通常较高,这些琥珀可以被制成项链、戒指、胸针、耳坠等饰品(图3-2-6~图3-2-8)。用于制作珠宝首饰的琥珀颜色不一,黄色系列较为常见,蓝色、绿色和红色琥珀则相对稀少。琥珀颜色的饱和度高低和美丽稀少程度是影响琥珀市场价值的重要因素之一。

图3-2-6 琥珀胸针

(图片提供/梁宽)

图 3-2-7　背面雕刻佛像的琥珀吊坠　　　　图 3-2-8　金镶琥珀平安扣吊坠

（图 3-2-7～图 3-2-8 由黄君亮提供）

4. 装饰用琥珀

装饰用琥珀分为装饰摆件及装饰材料两类。琥珀装饰摆件有鼻烟壶、桌上器等（图 3-2-9、图 3-2-10），含有动植物包裹体的琥珀也可作陈列观赏用。另外，可将琥珀作为高级的装饰材料，用于器具装饰和室内装饰，如常见将琥珀粉或琥珀小颗粒粘在画布上形成装饰画（图 3-2-11）。俄国沙皇时代，统治者还曾用琥珀装饰宫殿，建成了举世闻名的豪华"琥珀宫"，但非常遗憾的是，我们今天看到的只是消失的古代琥珀宫的复制版。

对琥珀装饰品的鉴赏，除了要考虑琥珀本身的品质，还需要考虑设计艺术水平、雕刻工艺水平和镶嵌工艺水平等。设计师、雕刻者及镶嵌工匠会根据琥珀的大小、颜色、商业等级等进行设计并确定搭配使用的贵金属类别。优美的设计意境、细致的雕刻工艺、高超的镶嵌水平会提升琥珀的价值；相反，如果一块本身等级较高的琥珀其设计、雕刻或镶嵌水平不高，则会拉低琥珀的价值。

5. 药用琥珀

质量等级低的琥珀可作药材原料使用。中国古代就有将琥珀入药的历史。据《本草纲目》记载，琥珀味甘、平、无毒，可镇心明目、止血生肌。当代医药界对于琥珀也有使用，如用于抗生素、氨基酸、维生素的生产中。

千万年的"时间胶囊"——琥珀 第三章

图 3-2-9　琥珀海龟摆件

（图片提供/法国 OPALOOK 琥珀公司）

图 3-2-10　琥珀小象摆件

（图片提供/法国 Miniralfa 琥珀公司）

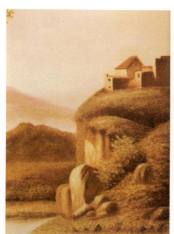

图 3-2-11　琥珀装饰画

（图片提供/琳珑珊瑚）

三、按透明度和颜色分类

琥珀按透明度不同，可分为整体透明的珀类，整体半透明—不透明的蜜蜡、根珀类，以及部分透明、部分不透明的半珀半蜜（根）类。

（一）珀类

此类琥珀清澈透明，若内部包裹有植物、动物、气泡、液体、气液两相或气液固三相包裹体，可以清晰地观察到。它主要包括金珀、血珀、棕珀、蓝珀等品种。

77

有机宝石鉴赏

珍珠　琥珀　珊瑚

1. 金珀

金珀指颜色为浅黄、金黄、棕黄或橙黄色，清澈透明的琥珀（图 3-2-12～图 3-2-15）。天然金珀的主要产地有波罗的海周边国家和缅甸等。市场上的部分金珀产品为波罗的海内部含有气泡的琥珀经净化处理而成。

图 3-2-12　浅黄色的金珀雕刻件

（图片提供/深圳福临珠宝设计有限公司）

图 3-2-13　金黄色的金珀雕刻件

（图片提供/上海东陈珠宝设计鲤米工作室）

图 3-2-14　棕黄色的金珀手链

（图片提供/彬彬琥珀）

图 3-2-15　橙黄色的金珀雕刻件

（图片提供/上海东陈珠宝设计鲤米工作室）

2. 血珀

红色系列的琥珀又称血珀，颜色从浅到深基本上有樱桃红、酒红和深红色（图 3-2-16～图 3-2-18）。天然血珀的主要产地有波罗的海、多米尼加、缅甸、罗马尼亚和意大利西西里岛。

图3-2-16　樱桃红色血珀戒指　　图3-2-17　酒红色牡丹花血珀雕刻件

图3-2-18　深红色牡丹花血珀雕刻件

（图3-2-16～图3-2-18由彬彬琥珀提供）

3. 棕珀

棕珀指颜色为浅棕色到深棕色、透明的琥珀（图3-2-19、图3-2-20）。天然棕珀的主要产地为缅甸等国家。

图3-2-19　缅甸金棕色绞蜜琥珀手镯　　图3-2-20　缅甸金棕色琥珀雕刻件

（图片提供/上海东陈珠宝设计鲤米工作室）

4. 蓝珀

蓝珀是一种很奇特的琥珀，其体色呈黄色、棕黄色、黄绿色等，看起来似乎与许多黄色系琥珀无差别，但因其内部不均匀地分布着荧光物质，当外部光线照射时，随着入射光角度的不同，蓝珀的颜色会发生变化。在紫外光和黑色背景下，蓝珀的蓝色更加明显（图3-2-21）。

图3-2-21　产自多米尼加的蓝色琥珀

（左：白光，浅色背景；中：紫外光，深色背景；右：白光，深色背景；图片提供/润特蓝珀）

蓝珀的著名产地为多米尼加和墨西哥，它产量很少，且颜色特殊而美丽，是琥珀中的优秀品种，有"琥珀之王"的美称。不同蓝珀颜色深浅程度有所区别，有的通体透蓝，颜色浓得化不开；有的又清透如水，蓝色若有似无。蓝珀多为透明，在所有品种中，净水蓝珀的净度最高（图3-2-22）。

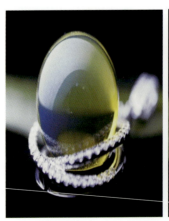

图3-2-22　内部清澈透明的多米尼加天空蓝蓝珀饰品

（图片提供/润特蓝珀）

(二)蜜蜡、根珀类

蜜蜡、根珀类的琥珀呈半透明—不透明状态,主要包括浅黄—橙黄色蜜蜡、白蜜、白花蜜、老蜜蜡、根珀等品种。

1. 浅黄—橙黄色蜜蜡

蜜蜡因琥珀色如蜂蜜、光泽如蜡而得名。常见蜜蜡为黄色系列,从浅到深有浅黄色、黄色、金黄色、橙黄色等(图3-2-23～图3-2-28)。由于内部含众多微小气泡,蜜蜡多为半透明—不透明。它主要产于波罗的海地区。

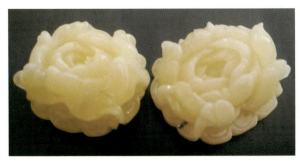

图3-2-23 浅黄色的蜜蜡花朵雕刻件

图3-2-24 黄色蜜蜡手串

(图片提供/上海东陈珠宝设计鲤米工作室)

图3-2-25 金黄色蜜蜡牡丹花雕刻件

(图片提供/上海东陈珠宝设计鲤米工作室)

图3-2-26 金黄色蜜蜡经文雕刻件

(图片提供/彬彬琥珀)

图 3-2-27　橙黄色蜜蜡手链

（图片提供/彬彬琥珀）

图 3-2-28　产于俄罗斯的橙黄色蜜蜡吊坠

（图片提供/深圳福临珠宝设计有限公司）

根据蜜蜡的透明程度和蜡质细腻程度，可将蜜蜡的蜡质划分为Ⅰ、Ⅱ、Ⅲ级（图 3-2-29）。

Ⅰ级	Ⅱ级	Ⅲ级
蜡质细腻均匀，不透明，肉眼观察可见或不可见流动纹，10倍放大镜下不见气泡	蜡质较细腻，微透明，肉眼观察可见或不可见流动纹，10倍放大镜下可见微小气泡	蜡质稀松，微透明至半透明，肉眼可见或不见流动纹，10倍放大镜下气泡明显

图 3-2-29　蜜蜡的蜡质级别划分

2. 白蜜

白蜜是一种白色、不透明、密度较小、可漂浮在水上的蜜蜡（图 3-2-30～图 3-2-33）。它有骨珀和象牙珀两种，骨珀颜色与骨骼接近，而象牙珀则呈象牙白色。

白蜜的产量比较稀少。白蜜的颜色是由于琥珀中有无数微小的气泡而形成的，这些微小气泡往往需要放大数百倍才能被观察到。

3. 老蜜蜡

老蜜蜡是经长期佩戴、盘玩，表面有深色氧化层的蜜蜡（图 3-2-34）。老蜜蜡的表面常见龟裂纹、橘皮状或荔枝皮状的纹理，非常具有年代感，是市场认知度较高且价格较高的琥珀品类。

图 3-2-30 白蜜雕刻件

（图片提供/上海东陈珠宝设计鲤米工作室）

图 3-2-31 有黄点的白蜜雕刻件

（图片提供/彬彬琥珀）

图 3-2-32 产于俄罗斯的白蜜吊坠

图 3-2-33 产于俄罗斯的白蜜佛珠链

（图片提供/彬彬琥珀）

  老蜜蜡的氧化时间一般有几十至上百年。对于清朝及以前形成的，以天然蜜蜡为材料制成的古代艺术品，则可称为古董蜜蜡。

  来自不同地域的老蜜蜡具有不同的特点。西藏的老蜜蜡以黄色为主，由于西藏高原的气候干燥寒冷造成的脱水现象，西藏老蜜蜡的表面往往有风裂纹（龟裂纹理）。而且西藏老蜜蜡的穿绳比较粗，因此老蜜蜡珠子的孔洞往往较大。

  阿富汗地区温度较高，老蜜蜡长时间暴露于强烈日光之下，颜色有黄色和红色系列。阿富汗老蜜蜡珠子的孔洞一般较小。

欧洲等地的老蜜蜡较少有圆珠形状,而往往是雕刻件或刻面琢型。中国明清时期的老蜜蜡往往是饰物、帽扣、领花、小雕刻件、镶嵌物等。

图 3-2-34 不同颜色及款式的老蜜蜡珠链

(图片提供/蜜源琥珀)

4. 根珀

根珀呈微透明—不透明,具有深棕色交杂白色的斑驳状纹理(或黄白色交杂深褐色),因其结构像树木的根而得名,常被用作巧雕的材料(图 3-2-35)。根珀主要产于缅甸。

千万年的"时间胶囊"——琥珀 第三章

图3-2-35 米白色、褐色、黑花间色根珀项链

(三)半珀半蜜(根)类

半珀半蜜(根)类琥珀,即一块琥珀中有透明的珀类部分,同时也有半透明—不透明的蜜蜡(或根珀)部分,包括金绞蜜、金包蜜等品种。金绞蜜,即金珀和蜜蜡绞缠在一起(图3-2-36、图3-2-37);金包蜜,即一团蜜蜡被包裹在金珀的中间,中间不透明,边缘透明(图3-2-38)。

图3-2-36 金绞蜜琥珀项链

85

图 3-2-37　金绞蜜琥珀手链

（左图提供/上海东陈珠宝设计鲤米工作室；右图提供/彬彬琥珀）

图 3-2-38　金包蜜琥珀小雕件

（图片提供/彬彬琥珀）

第三节 琥珀的外观及内部世界

由数千万年前的树脂演化而来的琥珀，是人类历史长河中一种重要的文化载体。它有着通透晶莹的质地、美丽丰富的颜色和温润柔和的外表。这种体态轻盈的宝石，是大自然对人类慷慨的馈赠。下面，让我们走近这经历沧桑变迁的有机宝石，了解其外观、物理特征及内部世界。

一、琥珀的外观及物理特征

凝固的树脂脱落后，被埋藏在森林土壤中，逐渐石化形成琥珀。在这数千万年乃至上亿年的漫长时光里，琥珀经历了土埋、冲刷、搬运、沉积等一系列地质作用，因此刚被人类发现时，它的外表并不美丽，往往看起来粗糙不平、颜色黯淡（图 3-3-1、图 3-3-2）。

琥珀的物理特征如下。

（1）常见颜色：浅黄色、黄色至深棕色、褐色等，少量有白色、红色、蓝色、绿色、黑色以及混合色。

（2）摩氏硬度：2～3。

（3）导热性：琥珀导热性差，常温下，琥珀的手感比较温和。

图3-3-1 经过初步切皮,未经完全打磨,保留部分粗糙外观的琥珀项链饰品

图3-3-2 经过初步抛光处理的不同颜色的琥珀,中间的琥珀表面可见原石表面的裂痕

(4)密度:$1\sim1.1 \text{g/cm}^3$。天然琥珀密度较小,可以漂浮在饱和盐水中。

(5)断口特征:琥珀的断口为贝壳状(台阶状),较为平整光滑。琥珀在受到特殊外力作用下,也会产生不规则的破裂。

(6)电学性质:琥珀是一种强绝缘体,并且有着摩擦起电的性质,用衣物快速摩擦琥珀可以产生静电效应,能吸附小纸屑、灰尘等微小物体。古时,人们常利用这一点来鉴别琥珀的真伪。

(7)可切性:琥珀性脆,可切性差,用小刀切削其表面,琥珀会呈现碎块状。

自然界中发现的琥珀有各种不同的外形,如呈团块状、结核状、瘤状、鼓状、卵石状、扁饼状等不规则形状。市场上的琥珀原料大多数表面会有一层厚薄不等的褐红色、棕黄色氧化皮层(图3-3-3)。这些氧化皮层的形成与琥珀形成时期的地质环境有关。氧化反应较强的,会形成比较厚的皮层;而氧化反应轻弱的,会形成较薄的琥珀皮层。

为了呈现琥珀的美丽与光泽,就必须对琥珀进行加工处理。

用于科学研究的琥珀一般需要经过选料、切皮、抛光等工序,以便更清晰地展示琥珀内部的包裹体,来探索琥珀中各种动植物的奥秘。

用于珠宝装饰的琥珀加工工序更为复杂,包括选料、切皮、设计造型、雕刻、抛光、钻孔、串珠、镶嵌等。设计琥珀造型时,目前开始使用电脑对琥珀原石进行扫描,再在电脑中直接设计的方法(图3-3-4)。这种方法比原有的雕刻师傅看料画图设计更加快捷和直观。琥珀雕刻者在设计雕刻作品时,会尽量根据琥珀原有的颜色、形状、大小采用不同的雕刻方法,如巧雕、浮雕、正面雕刻、背部雕刻(又称阴雕)等(图3-3-5~图3-3-7)。

有机宝石鉴赏

珍珠 琥珀 珊瑚

图 3-3-3　不同颜色的波罗的海琥珀原石

（图片提供/蜜源琥珀）

88

图 3-3-4　金珀雕刻件在电脑中的 3D 效果设计图（左）和成品（右）

（图片提供/深圳福临珠宝设计有限公司）

图 3-3-5　巧雕琥珀件　　　图 3-3-6　正面雕刻的蓝珀　　图 3-3-7　阴雕琥珀

（图片提供/彬彬琥珀）　　　（图片提供/润特蓝珀）　　　（图片提供/彬彬琥珀）

二、琥珀的内部世界

琥珀中发现的天然包裹体有气态、固态、液态，以及气液两相、气液固三相包裹体这几种主要形态。

1. 气态包裹体

有些琥珀中包含大量微小气泡，使其外观看起来混浊，如蜜蜡。有些琥珀内部则干净透明，气泡较少。微小的气泡用肉眼不容易观察到，需要借助放大镜或显微镜观察。有时琥珀内的微小气泡聚集成群，会形成云雾状外观（图 3-3-8）。

图3-3-8 内部含有云雾状气泡包裹体的金绞蜜琥珀

(图片提供/彬彬琥珀)

2. 固体包裹体

琥珀中的固体包裹体主要包括植物类和动物类,有的还包裹有矿物、杂质等。

1)植物类包裹体

许多琥珀中保存有花粉、种子、花朵、果实、树叶、草茎、树皮等植物类的完整或残留的包裹体(图3-3-9)。

图3-3-9 内部有植物碎片包裹体的蓝珀

(图片提供/润特蓝珀)

2)动物类包裹体

目前已发现的琥珀中,部分有保存苍蝇、蚊子、蜻蜓、蚂蚁、蜘蛛、甲虫、马蜂等不同种类的动物包裹体(图3-3-10、图3-3-11)。古生物学家们对含昆虫或动物包裹体的琥珀特别感兴趣。由于某些古昆虫、小动物是已灭绝的物种,琥珀中的包裹体便成了这些物种存在的唯一记录。

由于大多数的动物是在正常活动时无意间被树脂包裹,几经挣扎无法逃脱,因此,琥珀中的动物千姿百态,挣扎迹象明显,动物包裹体多为残翅断腿(图3-3-12),动物个体完整者比较少见且珍贵,有着更高的收藏和科研价值。较著名的虫珀有部分来自波罗的海沿岸国家及多米尼加共和国,形成时间为距今4000万～2000万年。

图3-3-10 内部有昆虫包裹体的琥珀

(图片提供/润特蓝珀)

图 3-3-11 内部有众多蚂蚁包裹体的琥珀　　图 3-3-12 内部有羽毛包裹体的琥珀

（图片提供/润特蓝珀）

3）杂质类包裹体

琥珀中的杂质类包裹体一般充填在裂隙孔洞中，有碳质、铁质、锰质，也有砂粒、泥土、碎屑等。这些杂质有些是在琥珀形成初期被包裹进去的，也有一些位置相对靠外的杂质是琥珀在经受自然压力、风化、搬运迁移时产生裂隙而被外部杂物附着或填充形成的（图 3-3-13）。

图 3-3-13　有着深色杂质包裹体的琥珀

3. 液态包裹体

当远古树木刚刚分泌出树脂时，发生了强烈的暴雨天气，巨大的雨滴拍打在树脂表面，一些水分会直接进入树脂内部。随着地壳运动，树脂被掩埋在地下，受到温度和压力的作用而逐渐石化，大部分琥珀中的水分会随着时间自然蒸发，但仍然有少量水分在琥珀保留下来。

4. 气液两相包裹体、气液固三相包裹体

有的琥珀很特别，气泡中含有水分，即拥有气液两相包裹体，称为水胆珀。若水分完全充盈着整个气泡，肉眼很难看到水分的流动，一般称为"死水胆"；若水分并没有占满整个气泡空间，摇晃琥珀时可以清楚地看到水分的流动，则称为"活水胆"（图 3-3-14、图 3-3-15）。

有的琥珀中还含有气体、液体和植物残片或小动物、杂质等固体的三相包裹体。

图 3-3-14　水胆珀

（图片提供/润特蓝珀）

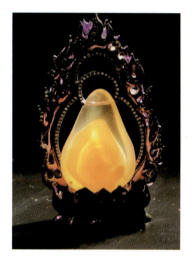

图 3-3-15　水胆珀饰品

（图片提供/黄君亮）

5. 其他包裹体

在有些琥珀内部昆虫包裹体周围，我们可以看到犹如被搅动的蜂蜜般的漩涡纹（图 3-3-16）。这种形态可能是因为昆虫挣扎时搅动树脂而形成的，也可能是在琥珀形成过程中，有外来物掉入其中，对黏稠的树脂形成搅动而形成的。这种漩涡纹也是包裹体的一种形式。

图 3-3-16　琥珀内部因昆虫挣扎搅动而形成的漩涡纹

（图片提供/润特蓝珀）

第四节 琥珀的优化处理及鉴别方法

为了使琥珀有更高的市场认可度和商业价值,有些琥珀商人会对质量等级较低(如有裂隙或颜色过深、颜色过浅等)的琥珀进行优化处理。优化处理可以改善琥珀的颜色,增加琥珀的光泽,改变琥珀的透明度,使其产生特殊包裹体等。市场上常见的琥珀优化处理方法包括热处理、覆膜、辐照处理、充填、染色处理、汽化处理等,其效果及类别如表3-4-1所示。

表3-4-1 各种琥珀优化处理方法的效果及类别

基本名称	优化处理方法		效果	优化处理类别
琥珀	热处理	净化处理	提高透明度	优化
		烤色(氧化)处理	改善(或改变)颜色	优化
		爆花处理	产生特殊包裹体	优化
		烤老蜜蜡处理	加深蜜蜡颜色	优化
	覆膜	无色膜	改变光泽或起保护作用	优化(须附注说明)
		有色膜	改变颜色	处理
	辐照处理		改变颜色	处理
	充填		用少量树脂填充琥珀缝隙,轻微改善其外观	优化
			用人工树脂填充琥珀缝隙及空洞,改善其耐久性和外观	优化(须附注说明)
			用人工树脂等固化材料灌注多裂隙琥珀及空洞,改变其耐久性和外观	处理
	染色处理		改变颜色	处理
	加温加压改色		改变颜色	处理
	汽化处理		提高琥珀的不透明度	—

注:引自王雅玫,2019。

一、琥珀的热处理

琥珀的热处理工艺主要包括净化、爆花、烤色及烤老蜜蜡这四种类型。热处理的主要目的是改善或改变琥珀颜色、提高琥珀净度、产生特殊包裹体。除烤老蜜蜡工艺外,工业化的琥珀热处理设备主要为热压力炉,基本组件有压力罐、罐内室、压力和保护配件、自动控制与保护系统等。

1. 净化工艺

有些天然琥珀因内部存在数量众多的微小气泡而呈现出云雾状外观。这些气泡可以通过净化工艺来去除,以使琥珀看起来更加透明、清澈。

具体过程:在惰性气体环境下,通过控制压炉内的温度与压力,将透明度欠佳的琥珀加热,内部的众多微小气泡在热作用下会变成一个或几个较大的气泡排出琥珀外。通过净化处理,琥珀内部的"云雾"逐渐消失,琥珀的透明度得到改善。

需要注意的是,只有那些本身具有一定的透明度且没有特色流纹的琥珀材料才适合作净化处理。另外,对厚度或块度较大的琥珀材料,往往需要经过多次净化或者增加压力、温度,延长净化时间才能实现完全透明。

市场上销售的金珀、血珀中有相当一部分是经过净化处理的琥珀(图3-4-1)。

图3-4-1 经过净化处理的金珀表面留有热烧裂纹痕迹

(图片摄影/C. Roux)

2. 爆花工艺

经爆花工艺产生特殊包裹体的琥珀被称为爆花琥珀,也称花珀。

早期的花珀是偶然产生的。在琥珀净化的冷却过程中,因处理不当,琥珀内部可能形成似睡莲叶或太阳光芒的盘状裂隙(又称应力裂纹)(图3-4-2)。由于这种包裹体形状漂亮，受到人们的喜爱，因而许多加工者会故意诱发这种爆花处理，以达到改善琥珀外观的效果。

进行爆花的前提是琥珀原料内部含有一定量的气体包裹体。传统的爆花工艺有油炸或砂炒等方式，其优点是人工操作可直观控制爆花效果，但操作耗时，加工数量也非常有限。现代工艺大多采用压炉来操作。具体过程：在琥珀加热完成时，即时释放压炉内的气体，快速地减小高压仓的压力，从而打破琥珀中气泡内、外压平衡（内压大于外压），导致琥珀内部气泡发生膨胀、炸裂而产生盘状裂隙，即"太阳光芒"包裹体。

在无氧条件下对琥珀进行爆花处理，会爆金花；在有氧条件下操作，会爆红花。通过控制压炉内惰性气体与氧气的比例，可以使琥珀内部产生不同颜色的盘状裂隙，从而得到金花珀、红花珀、金红花珀等不同品种（图3-4-3～图3-4-5）。

图3-4-2　花珀内部的盘状裂隙

（图片摄影/C. Roux）

图3-4-3　金花珀

（图片提供/法国 Miniralfa 琥珀公司）

图3-4-4　金红花珀

（图片提供/彬彬琥珀）

图3-4-5　金红花珀手链

（图片提供/彬彬琥珀）

3. 烤色工艺

烤色工艺是在封闭的压炉中按一定比例加入氧气和氮气，通过氧化作用使琥珀表面产生棕色、红色至深红色的氧化薄层。

烤色并不能改变琥珀的物理化学性质，烤制的颜色也只在琥珀的表面。如果将烤色琥珀的正面热烧区域抛光，则会露出琥珀原来的颜色。从侧面观察琥珀经烤色的表面与烤色后被抛光的表面，可见抛光区域颜色浅而烤色区域颜色深（图3-4-6）。

4. 烤老蜜蜡工艺

为了改变新产出的蜜蜡的颜色，以模仿年代久远的天然老蜜蜡的外观（图3-4-7～图3-4-9），或使蜜蜡整体的颜色更加均匀，可以对其进行人工烤制改色。若蜜蜡在烤制前受到氧化，烤制后其瑕疵处的颜色会比表面无瑕疵处颜色更深，所以应减少蜜蜡与空气的接触，烤制前可先将蜜蜡放置在沙粒、食盐或油脂中，再放到烤箱中进行加热。加热时间越久，蜜蜡的着色就越深。

图3-4-6 烤色琥珀的侧面展示

（左侧红色是烤色后效果，右侧黄色是烤色后抛光效果）

（图片提供/法国OPALOOK琥珀公司）

图3-4-7 橘红色的天然老蜜蜡　　图3-4-8 棕红色、表面呈现橘皮状纹理的天然老蜜蜡　　图3-4-9 棕黄混色的天然老蜜蜡

（图3-4-7～图3-4-9由蜜源琥珀提供）

烤色和烤老蜜蜡这两种优化方式在所需环境及烤制工艺方面有所不同。烤色处理是在封闭环境下进行,处理设备为压炉,同时需要惰性气体和氧气;烤老蜜蜡则是在室内开放环境下,用烤箱烤制。烤老蜜蜡虽然制作工序并不复杂,但制作周期很长,需要在常压、低温条件下进行长时间的加热和缓慢的氧化处理。在烤老蜜蜡过程中,温度需要控制在一个相对固定的范围内。

烤老蜜蜡处理并不能改变琥珀的物理化学性质,烤制的颜色只在琥珀的表面(图3-4-10),无法到达琥珀的内部,如果对琥珀表面进行打磨,蜜蜡原有的颜色即会显现出来。

图3-4-10　烤老蜜蜡珠链

(图片提供/祥瑞琥珀)

二、热处理琥珀的鉴别方法

热处理提高了低等级琥珀的商业价值,同时为琥珀交易市场提供了更加多样化的选择。对热处理琥珀进行鉴别,有助于了解琥珀的真实价值。观察琥珀应该在合适的灯光条件及白色亚光背景下进行,注意观察以下几点。

(1)观察琥珀的颜色和透明度。热处理中,烤色可使琥珀表面变红而成血珀;烤老蜜蜡可使浅色蜜蜡颜色加深;净化可去除琥珀中的气泡,提高其透明度。因此,颜色较深或透明度较高是热处理琥珀的特征之一。当然,琥珀是否经过热处理不能仅凭这一点判断,需要配合使用其他检测方法。

（2）在热处理的金珀或血珀内部有时可以观察到边界清晰的红色流动纹，它是在蜜蜡热处理的过程中，氧气沿原始流动纹薄弱结合面渗入后，将蜜蜡流纹面氧化所致。

（3）由于琥珀受热时，其内部的天然固体包裹体可能变形或变色，所以若有这种情况发生，可以作为琥珀经过热处理的判定依据之一。

（4）观察琥珀表面是否有较大的气泡及气泡出口。内部含有云雾状小气泡的琥珀在净化处理时，小气泡受热后不断聚集并往外逃逸，这时便会在琥珀中留下热处理证据。

（5）观察琥珀中是否有太阳光芒或睡莲叶状的盘状裂隙（应力裂纹），这是琥珀经过爆花处理的直接证据。

（6）若在蜜蜡的裂隙缺陷处发现有细而窄的红色氧化裂纹，或在血珀表面发现有形如龟背的龟裂纹，则表明这些琥珀经过了热处理。

（7）净化、烤色处理会导致琥珀表面的折射率增大，净化时间越长，烤出的琥珀颜色越深，折射率越大。而进行烤老蜜蜡处理前后，蜜蜡表面的折射率基本不变。

（8）经过热处理后，琥珀表层的红外光谱测试峰值会有所变化。

其中，烤老蜜蜡有独特的鉴别方法，具体如下：

（1）看颜色。观察比较天然老蜜蜡和烤老蜜蜡的表面，前者经多年的空气氧化后，表面各处的颜色会有一定的差异；而后者经人工烤色后，颜色浓郁（往往偏红色调）且分布较均匀。

（2）看孔道。天然老蜜蜡的打孔时间比较久远，且由人工打孔，因而孔道不如现代烤老蜜蜡的孔道平整。另外，某些地区的天然老蜜蜡孔洞往往比现代烤老蜜蜡的孔洞更大。

（3）看表面及孔道纹理。大部分天然老蜜蜡表面有龟裂纹、荔枝皮纹或橘皮纹等自然老旧的氧化纹理（图3-4-11、图3-4-12）。人工仿制的纹理往往不如天然的光滑、自然，而显得有些坑坑洼洼、凹凸不平。并且，由于孔道中空间狭窄，不容易仿出与表面一致的纹理，因而烤老蜜蜡的表面和孔道内部往往纹理并不一致。

（4）看光泽。天然老蜜蜡经长期把玩，与人手不断摩擦，会呈现出细腻油润的特殊光泽，古玩界称之为"包浆"。而烤老蜜蜡的光泽显得轻浮、飘忽，业内称之为"贼光"。要区分出两者光泽的不同，需要有长期的老蜜蜡鉴赏经验。

图 3-4-11 天然老蜜蜡表面的荔枝皮纹理　　图 3-4-12 天然老蜜蜡表面的橘皮纹理

（图片提供/蜜源琥珀）

二、染色处理

琥珀在空气中暴露多年之后，其表面颜色往往会变红、变深，这是琥珀与空气长时间接触后正常的被氧化现象。因为外观具有年代感的琥珀通常具有更高的市场价值，所以一些琥珀商人会对琥珀进行染色来"做旧"。当然，也可以通过染色完全改变琥珀的颜色。

1. 琥珀的染色方法

琥珀的染色方法有两种：一是将有裂隙的琥珀放入染色剂中加压，使染料渗入琥珀的裂纹中而形成新的颜色；二是染色后再对琥珀表层进行加温加压处理，使得染料可以更好地与琥珀表面契合。

2. 染色琥珀的鉴别

（1）肉眼观察颜色。经过染色处理的琥珀，颜色过于艳丽，不自然。例如，天然血珀颜色由里到外均匀一致，呈现出透光的、含蓄的红。而染色血珀则红色过于明显，同时缺乏天然琥珀的流动感纹理。

（2）擦色鉴别。用棉签蘸酒精，涂擦琥珀表面，经染色处理的琥珀会有染料脱出，沾在棉签上，琥珀变色。但这种擦色鉴别方法往往只适用于采用上述第一种方法染色的琥珀。

（3）放大观察琥珀表面瑕疵处。对有裂隙的琥珀染色，在裂隙处会有染料颜色富集现象，此处颜色要明显深于琥珀的其他表面部分。

（4）观察纹理。对于采用第二种方法染色的琥珀，加温加压处理会使得琥珀表面产生明显的漩涡纹，这种纹理不同于天然琥珀内部自然形成的流纹，并且往往只停留在琥珀的表层。

（5）用强光或是聚光电筒照射透明度高的染色琥珀，可以观察到其内部并不像天然琥珀那么晶莹剔透，反而由于表面染料的原因显得有些雾蒙蒙的。

（6）通过滤色镜观察，染色琥珀常会呈现与天然琥珀不一样的颜色，具体呈现的颜色取决于颜料中的化学物质。

三、覆膜

覆膜是为了使表面状况不佳（如表面有裂隙）的琥珀获得更好的颜色、光泽度及韧性强度等，而在琥珀表面上喷涂环氧树脂等涂覆软材料的优化处理方法。

覆膜材料包括有色膜和无色膜两种，其成分大部分为高分子聚合物。覆膜采用喷漆工艺。

覆膜琥珀的鉴别方法如下：

（1）在放大镜或显微镜下可观察到覆膜琥珀表面有磨损或涂覆层剥落的区域，有些覆膜琥珀表面涂覆不均匀，有时还可以见到由于涂覆而出现的小气泡。

（2）观察光泽。天然琥珀具有树脂光泽，而涂覆材料所具有的光泽更强一些（图3-4-13）。可以通过与天然琥珀的光泽进行对比，来初步判断待检测琥珀表面是否有覆膜（图3-4-14）。

（3）结合红外光谱特征分析。借助红外光谱仪可以测试出天然琥珀、有色覆膜琥珀和无色覆膜琥珀的不同峰值，以此来分析琥珀是否经过覆膜处理。

四、汽化处理

市场上经优化处理的琥珀数量比例、颜色、透明度与终端客户的喜好有着很大的关系。由于中国市场对蜜蜡过度推崇，蜜蜡价格不断上涨，为获取利润，许多琥珀商家会通过汽化处理来降低琥珀的透明度，使之转变为蜜蜡。

用于汽化处理的琥珀材料主要有三类：透明的金珀，部分透明、部分不透明的金绞蜜，以及半透明—微透明、蜡质较差的蜜蜡。琥珀汽化处理的原理是在充满惰性

图 3-4-13 具有强光泽的覆膜琥珀项链

图 3-4-14 未经过覆膜处理的红棕色琥珀扳指
（图片提供/上海东陈珠宝设计鲤米工作室）

气体的压力炉中，在水介质参与的条件下，通过控制温度使气体进入琥珀内部形成众多微小气泡，最终，透明或半透明的琥珀转变为微透明—不透明的蜜蜡。在商业市场中，汽化处理琥珀被形象地称为"水煮蜜"。

汽化处理琥珀的鉴定方法：

（1）经过汽化处理的琥珀其外皮下往往会有黄白色的水煮皮，或者表面有块状的水煮斑。这种水煮皮或水煮斑均是在汽化处理的过程中因微小气泡聚集而形成的。水煮皮的表面凹陷处有时还会出现龟裂纹或黑色的结痂状皮层（图 3-4-15）。

（2）经汽化处理后，琥珀蜡质均匀，流动纹不太明显或紊乱不自然，没有天然蜜蜡纹理那么清晰而自然流畅。

（3）经汽化处理的琥珀内部常见密集的扁平状气体包裹体或气液两相包裹体，天然蜜蜡中的微小气泡包裹体则大部分呈圆形。

（4）未经打磨的汽化处理琥珀表面会有水波纹结构。

图 3-4-15 经过打磨后，存留有少量黑色结痂状皮层的汽化处理蜜蜡珠

五、充填

对于表面存在裂隙、凹陷等瑕疵的琥珀,为了增强其美观度和耐久性,往往会使用有机环氧树脂材料充填或用琥珀小块、琥珀粉加上有机环氧树脂填补。充填分为局部补胶和整体灌胶两种。

鉴定充填琥珀的方法:

(1)若是局部补胶的琥珀,在放大条件下仔细观察,可见琥珀表面填补位置的颜色、纹理、光泽和透明度与琥珀其他位置不同,并且填补物与琥珀本身有比较清晰的边界。若是整体灌胶的琥珀,则需要与未经处理的琥珀对比观察。

(2)放大观察充填琥珀表面的填胶位置或整体填胶层,通常可以观察到小气泡。

(3)充填使用的树脂材料比琥珀本身硬度大,抛光后往往可以看到充填物的位置略高出琥珀其他位置,或填充位置处不太平整。

(4)在琥珀的填充缝隙中可以观察到树脂填充物的流动纹,这种纹理与天然琥珀自然流畅的纹理不同,而显得杂乱无序。

(5)由于琥珀本身与充填物胶水的性质不同,紫外荧光反应也不同。在长波紫外光下观察充填琥珀上的树脂胶水处,可见其荧光反应比琥珀本身更加强烈。

六、贴皮

贴皮是用强力有机胶在琥珀表面某些位置贴上一层琥珀风化表皮,其目的在于掩盖琥珀表面的瑕疵,同时可以在琥珀上进行巧雕或浮色雕刻以掩饰贴皮目的。

贴皮琥珀的鉴定方法:

(1)在放大情况下仔细观察,可以看到所贴外皮与琥珀之间界线清晰而平整,没有天然形成的过渡。另外,在粘胶位置可见微小气泡。

(2)在琥珀的贴皮处可以观察到树脂填充物的流动纹,这种纹理不同于天然琥珀内部不规则且自然流畅的纹理,而显得杂乱无序。

七、辐照处理

使用高射能辐照琥珀,可以使琥珀的颜色由黄色转变成红色,其颜色改变比较均匀一致,但不够持久。在自然环境下放置一年左右,辐照琥珀会自动褪色。

若琥珀内部存在杂质或表面有裂隙、坑洞及龟裂纹等,经辐照后,琥珀内部便会产生根系状包裹体。这种包裹体一旦形成,就会永久存留于琥珀中。

辐照琥珀的鉴定方法：

（1）观察琥珀的颜色，经过辐照的琥珀颜色过于均匀，而天然琥珀颜色比较自然，其表面颜色往往并不是完全一致的。

（2）在放大情况下仔细观察红色琥珀的内部，如果观察到根系状的包裹体，是琥珀经过辐照的证据。

（3）内部没有根系状包裹体的辐照琥珀相对不容易检测。在长波紫外光下，经过辐照的琥珀荧光强度会减弱。

以上介绍了热处理（净化、烤色、爆花、烤老蜜蜡）、染色处理、覆膜、充填、贴皮、汽化处理、辐照处理等琥珀优化处理方法及相应的琥珀鉴别方式，通过细心观察及使用正确的鉴定方法，可以更清晰地了解琥珀的商业价值和收藏价值。

第五节 再造琥珀

再造琥珀，是将琥珀碎料（碎块、碎粒、碎粉）放入金属模具内，通过加温加压使之成型，它又被称为压制琥珀、二代琥珀或再生琥珀。

早在1881年的维也纳，人们首次运用了再造琥珀的技术。人们将颜色、大小不一的琥珀碎块加热到200~250℃，小块琥珀在热作用下粘连到一起，再经过细钢筛挤压，冷却形成较大的琥珀块。这是老式的再造工艺，其过程相对简单，但琥珀成品颗粒间的块状结构依稀可辨，颜色也比较浑浊。

现代的新式再造工艺是先将琥珀的风化外皮去除，再以颜色相同、透明度相似为标准对琥珀小块进行分选，并经过水流清洗、烘干。之后，直接压制成品，或者先在机器中将琥珀碎块研磨成琥珀粉，再将其放入模具中加热、加压，便可以得到形状规则的琥珀用具及工艺品等（图3-5-1）。

目前市场上的新式再造琥珀有再造金珀、再造血珀、再造花珀和再造蜜蜡。新式再造工艺对琥珀原料的分选要求比较高。需用金珀原料再造金珀，用血珀原料再造血珀，这样生产出的琥珀成品颜色饱和度比较高。

琥珀新式再造工艺分为开放体系和封闭体系两种环境。开放体系的再造琥珀制作过程处于自然条件下，有空气中的氧气参与。封闭体系指生产过程在机器中进行，隔绝了氧气。

通过再造工艺，原本小块的琥珀被热压重塑，可以制成体积较大的琥珀成品。同时，由于琥珀已被研磨成碎粉状，成品琥珀的体积和形态也可以通过模具来控制，与天然琥珀的选料、雕刻加工流程相比，其制作成本大大降低。

千万年的"时间胶囊"——琥珀 第三章

图 3-5-1 利用新式再造工艺制成的琥珀手链

1. 老式再造琥珀的鉴别方法

（1）再造琥珀的颜色多为橙黄色或橙红色等，而天然琥珀的颜色则相对更加丰富，有黄色、橙色、红色、绿色、蓝色等。

（2）由于老式再造琥珀是由不同颜色和净度的小块琥珀热压而成，放大观察，通常可见琥珀块之间清晰的分界线，表面呈现出浑浊的粒状结构，在抛光面上观察，可明显地看到邻近碎屑因硬度略有不同而表现出凹凸不平的面。而天然琥珀表面光泽及硬度存在一致性。

（3）由于受到温度和压力的作用，老式再造琥珀内部往往存在狭长的气泡。放大观察，可见气泡沿一个方向向上拉长，呈扁平状，显示出一种流动构造。而天然琥珀内部的气泡往往呈圆形，没有表现出方向性。

（4）天然琥珀内部有时可以看到动植物残骸或碎片，而老式再造琥珀中往往看不到这些包裹体。

2. 新式再造琥珀的鉴定方法

（1）开放环境下的新式再造琥珀，因在制作过程中被氧化，其颜色往往偏暗。

（2）新式再造金珀和血珀一般透明度较高，内部有像搅动过的蜂蜜状的纹理。而某些天然未处理的琥珀内部存在云雾状微小气泡区域和流动结构纹理等内部特征。

（3）放大观察，开放条件下制成的再造琥珀内部有细小血丝状或细棉絮丝状的红色结构，这是琥珀被氧化而形成的。若是在封闭式无氧环境下制成的再造琥珀，则基本没有细小血丝状结构，有时可以观察到细微的红色流动纹或琥珀粉末没有完全软化而残留的斑点状结构。

（4）在长波紫外光下，再造琥珀的荧光比天然琥珀弱。

（5）放大观察再造花珀内部，有时隐约可见琥珀的碎块结构，盘状裂隙常常分布在碎块的表面。

（6）在偏光镜下，再造琥珀内部的小块状、粉末状结构可以观察得更加清楚。粉末再造琥珀在偏光镜下呈现条纹状异常消光现象。

（7）再造蜜蜡内部有微小琥珀粉末层形成的平行条带状流动纹理，这与天然琥珀内部由微小气泡形成的波浪状条带纹理有所不同。再造蜜蜡中有时还会有因热压而形成的叶脉状纹理。

第六节 琥珀的仿品及鉴别

琥珀的仿制品主要有柯巴树脂、塑料和玻璃三大类。

一、柯巴树脂

柯巴树脂与琥珀在外观和成分上较为相似，是最重要的琥珀天然仿制品。柯巴树脂形成于距今1000万～100万年，与琥珀相比，其形成的地质年代不够久远，因而未能完全石化。但柯巴树脂中也可能有动植物、杂质、气泡等包裹体（图3-6-1、图3-6-2）。柯巴树脂在哥伦比亚、非洲、多米尼加、马达加斯加等不同国家均有产出。目前商业市场上常见的柯巴树脂多来源于马达加斯加、哥伦比亚、婆罗洲等地。

图3-6-1 内部有众多昆虫包裹体的浅黄色马达加斯加柯巴树脂
（图片摄影/C. Roux）

图3-6-2 内部有植物碎片、气泡等包裹体的橙色柯巴树脂

柯巴树脂与琥珀的鉴别方法分为非破坏性和破坏性两类。

1. 非破坏性鉴别方法

（1）表面观察。柯巴树脂一般为浅黄色，也有无色或橙色的，表面通常有细小裂纹。而琥珀颜色更丰富，有深浅不同的黄色、红色、棕色、绿色、蓝色等，其表面通常看不到类似柯巴树脂的细小裂纹（图3-6-3、图3-6-4）。

（2）柯巴树脂的石化时间不够，因而质地较为松散，成品表面大多比较粗糙，不容易抛光，呈现弱树脂光泽。而琥珀石化程度完全，成品经过抛光后，呈现较强的树脂光泽，手感也比柯巴树脂更加光滑。

（3）气味比较。摩擦柯巴树脂表面时，常常产生松树油的气味。而琥珀由于形成年代久远，通常不会产生这种现象。

（4）在紫外光下，柯巴树脂会发白色荧光，比天然琥珀的荧光更亮。

图3-6-3　不同颜色的波罗的海琥珀

图3-6-4　橙红色琥珀原料

（图片提供/蜜源琥珀）

2. 破坏性鉴别方法

（1）硬度检测。柯巴树脂石化还不完全，硬度不如琥珀，前者的摩氏硬度为1～2，后者的摩氏硬度为2～3，人的指甲硬度通常在两者之间。用指甲刻划柯巴树脂时，可以留下划痕；而用指甲刻划琥珀时，则不会留下划痕。

（2）热针测试。热针与琥珀接触时，会发出较轻微的松香或熏香的气味；热针接触柯巴树脂时，发出的松香味则更为强烈。

（3）化学剂反应。柯巴树脂对化学腐蚀作用很敏感。将一滴乙醚滴在柯巴树脂表面,并用手指揉搓,会出现黏性斑点。而对地质年代久远的琥珀使用此种方法,则毫无反应。

(4)琥珀在150~180℃时软化,在250~280℃时熔融;而柯巴树脂在温度110℃时软化,在180℃熔融。由于柯巴树脂的熔点低,受热后会有熔滴现象(图3-6-5)。柯巴树脂被熔化位置会有气泡聚集,同时产生噼啪的声响。而琥珀熔点较高,当温度高于250℃时仅在热源周围熔化,不会产生熔滴现象,也较少产生噼啪的燃烧声(图3-6-6)。

图3-6-5 火烧过的柯巴树脂

(左上角可见熔滴现象)

图3-6-6 火烧过的琥珀

(上端呈焦黑状)

二、塑料

塑料在颜色、温感、电学性质(琥珀是一种电绝缘体,用力摩擦琥珀,可以吸引小纸片、小灰尘等,塑料也有相似的电学性质)等方面同琥珀十分相似,是制作琥珀仿品的材料,其主要成分是树脂。塑料的折射率及密度等与琥珀均不相同,因而可通过检测物理性质对两者加以区别。塑料仿品(图3-6-7)的鉴别方法分为非破坏性和破坏性两类。

图3-6-7 塑料仿琥珀

(图片提供/法国巴黎宝石学院)

1. 非破坏性鉴别方法

(1)塑料的密度比琥珀大,在饱和盐水中,琥珀上浮,大部分的塑料仿制品则下沉。但由于部分塑料密度低,在饱和盐水中也上浮,因此需要配合其他检测方法来进一步鉴定塑料仿品与琥珀。

(2)仔细观察塑料仿品表面,有时可见制作过程中留下的模具痕迹。

(3)观察琥珀及塑料仿品的内部,天然琥珀有时有漩涡状纹理或流纹纹理等,而塑料仿品内部则是锯齿状、尖角状或较为平直的纹理。

(4)仿爆花琥珀的塑料仿品中的盘状裂隙,是较为单调的光滑面或同心圆,放大观察,可见盘状裂隙比较呆板,没有爆花琥珀中的盘状裂隙由内而外的自然纹理。

(5)有时琥珀商人会在塑料中放入昆虫来模仿虫珀。但天然虫珀中,因昆虫被困瞬间为求生而挣扎,虫体往往残缺不全,内部还有漩涡纹(图3-6-8)。而塑料仿品中放入的昆虫往往已经死亡,昆虫的体态相对完整并且呈现出收缩状。同理,塑料仿品中的树叶、花朵等植物包裹体往往状态完整且过于完美,与含天然植物包裹体的琥珀不同。

图3-6-8　天然虫珀中的漩涡纹

(6)塑料的折射率一般在1.50~1.66之间变化,只有极少数接近琥珀的折射率1.54。

(7)比较荧光反应。一般情况下,琥珀在长波紫外光下发出蓝白色荧光,在短波紫外光下发淡绿色荧光。有些塑料在紫外光下没有荧光反应,而部分塑料有荧光反应,因此,需要同时结合其他检测方法才可以区分琥珀与塑料仿品。

(8)使用专业的红外光谱仪,可以检测到琥珀与塑料仿品的红外光谱不同。

2. 破坏性鉴别方法

使用破坏性鉴别方法时,一般选择在琥珀或仿品的孔洞处或底部不明显处进行操作。

(1)塑料可切性特点与琥珀不同。用刀刮削,琥珀会出现碎块或碎粉,而塑料仿品则会出现带状或弯曲长条状的塑料碎片(图3-6-9、图3-6-10)。

(2)琥珀与塑料对热针测试的反应不同。琥珀在与热针接触时,会发出淡淡的松香或熏香味,而塑料却发出辛辣的气味。

图3-6-9 用小刀刮削琥珀出现琥珀粉　　图3-6-10 用小刀刮削塑料出现细条状的塑料碎片

三、玻璃

玻璃也是琥珀仿品的制作材料之一。然而玻璃的手感、光泽度、折射率及密度与琥珀均不相同,因而可以通过检测两者的物理性质加以区别。玻璃仿品的鉴别方法也分为非破坏性和破坏性两类。

1. 非破坏性鉴别方法

(1)比较手感。玻璃手感较冰冷,琥珀的手感则较温润。

(2)仔细观察,有的玻璃仿品表面有模具的痕迹;有的玻璃仿品中有生产过程中形成的圆形气泡,这些气泡与天然琥珀中的气泡不同,通常后者更加细小。

(3)比较光泽。玻璃仿品具有较亮的玻璃光泽,琥珀则呈现更柔和的树脂光泽。

(4)比较密度。玻璃的密度比琥珀大,在饱和盐水中,琥珀上浮,玻璃仿品均下沉。

(5)比较电学特性。琥珀是一种强绝缘体,用力摩擦时能吸引附着碎纸片,玻璃仿品则没有这种特性。

(6)红外光谱分析。用红外光谱仪对琥珀和玻璃仿品进行检测,可以得出不同的峰值,从而可对两者进行区分。

2. 破坏性鉴别方法

(1)热针测试。琥珀在与热针接触时,会发出松香或熏香的气味;而玻璃对于热针没有反应。

(2)刮削测试。用刀刮削,琥珀会出现碎块或碎粉,玻璃则会被刮花及出现少量的玻璃粉。另外,在刮削测试中,可以明显感到玻璃仿品的硬度高于琥珀。

通过仔细观察,运用正确的鉴别方法并在实际鉴赏过程中积累经验,就可以去伪存真,正确地鉴别出琥珀真品及仿品。

第七节 琥珀的保养及收藏

作为一种硬度较低的有机宝石材料,琥珀的韧性和稳定性均较差。商业市场中的琥珀通常被加工为珠子、素面、雕刻品、首饰饰物、装饰品(图3-7-1～图3-7-4)等。作为一种宝贵的有机宝石材料,在日常收藏保养过程中,应注意哪些要点才能使宝物长久流传呢?

图3-7-1 蓝珀雕刻件

(图片提供/润特蓝珀)

图3-7-2 白花蜜龙牌雕刻件

(图片提供/福临琥珀)

有机宝石鉴赏

珍珠 琥珀 珊瑚

图 3-7-3 金珀阴雕件

(图片提供/福临琥珀)

图 3-7-4 琥珀雕刻件

(左为蜜蜡,右为金珀阴雕,图片提供/彬彬琥珀)

（1）琥珀对温度变化非常敏感,它会使琥珀内含物的体积发生变化而产生裂隙。高温还会使琥珀表层老化,表面变成深褐色并出现裂纹。温度高于150℃时,琥珀还会软化。所以,应当严格避免琥珀靠近珠宝加工火枪,生活中下厨烹饪或者电烫头发时也应当避免佩戴琥珀饰品。

(2)避免琥珀接触各种化学制剂,如珠宝洗涤液、家用洗涤液等。这些化学制剂会导致琥珀表面黯淡或变色,如变白等。游泳池水中含有轻微的漂白剂,应避免在游泳时佩戴琥珀饰品。

(3)避免琥珀使用珠宝检测折射液。避免使用超声波珠宝清洗器及蒸汽珠宝清洗器。

(4)琥珀硬度不高,应避免与硬质首饰放置在一起,以防划伤琥珀表面。琥珀饰品在收藏保养时,应单独用软布包装,或放置在有柔软内里的盒子里。

(5)琥珀脆性比较大,挤压、磕碰很容易造成损伤,应当避免在运动或从事体力劳动时佩戴,以减少被磨损和被硬物撞击的可能。琥珀不适合被镶嵌在结婚戒指这种日常佩戴于手部的首饰上,而比较适合镶嵌在胸针、耳环、吊坠等碰撞可能性较小的首饰上(图3-7-5、图3-7-6)。

图3-7-5 琥珀手镯

(图片提供/彬彬琥珀)

(6)琥珀对光线较为敏感,特别是紫外线。紫外线能加速琥珀的老化,使琥珀表层逐渐浑浊,失去光泽,产生微裂隙(图3-7-7)。因此琥珀饰品要避免长时间阳光暴晒。收藏展示时的环境光源应尽可能使用不含有紫外线的光源。

图3-7-6 琥珀项链

(图片提供/彬彬琥珀)

图3-7-7 长时间暴露在强光下的琥珀,部分表面产生细小裂纹

(7)琥珀不能长期存放在密闭、干燥的环境里,而应放置在空气流通且湿度适宜的环境中。

(8)清洁琥珀时,可以先用湿润的软布擦拭清洁,再用植物类油脂,如橄榄油轻轻地擦拭琥珀表面。

第四章　来自海洋的美丽瑰宝——珊瑚

第一节　珊瑚的形成、历史及分类

珊瑚与珍珠、琥珀一起被称为三大有机宝石。珊瑚历史悠久并且颜色丰富,有明艳似火的大红色(图 4-1-1)、娇艳欲滴的深红色、柔美似霞的桃红色、温润亮泽的粉红色,也有璀璨华丽的金色、绚丽明媚的蓝色、深沉如夜的黑色、晶莹似玉的白色,等等。

一、珊瑚的形成

提到珊瑚,就得先说说珊瑚虫这种生物。珊瑚虫是一种古老的海洋低等腔肠动物,在近 5 亿年前就出现了。它们群居生

图 4-1-1　红珊瑚烽火树

(图片提供/绮丽珊瑚)

活,在幼虫阶段便自动固定在石灰质堆上,骨架和肠腔连在一起,随着珊瑚虫无数代繁衍生息,慢慢地形成了外形看起来像树枝的珊瑚。珊瑚虫有一层动物质的外皮,上面长有许多椭圆形的口,口的四周有像铁树叶子形状的触手,经常张开着。触手一旦触到食物,就会把它拖着送入口中。遇到天敌及不明物时,触手也会缩回到外皮中隐藏起来。食物由外皮中的脉管进行消化,为珊瑚虫全身提供营养,然后分泌粉状物质增大外骨骼。

我们常见的用来作为饰品或摆件的珊瑚(图 4-1-2),便是珊瑚虫分泌的外骨骼。因此,尽管珊瑚具有树枝状的外形,但它并不是植物类有机宝石,而是动物类有机宝石。

珊瑚虫根据触手的数目不同,分为六放珊瑚亚纲和八放珊瑚亚纲等,其骨骼分泌方式有所不同,因而形成的珊瑚质地也大不相同。六放珊瑚亚纲的珊瑚虫触手为六个或者六的倍数,它形成的珊瑚外观粗糙,多孔性非常明显,体型较大,造礁珊瑚便属此类。八放珊瑚亚纲的珊瑚虫触手则为八个或者八的倍数,这种珊瑚虫形成的珊瑚质地细腻,多孔性不明显,颜色美丽,适合用作宝石材料。造礁珊瑚分布在水深20~100m的浅海海域(图4-1-3);而宝石类珊瑚,如宝石级红珊瑚则生长在水深110~1800m的深海海域(图4-1-4)。

图4-1-2 红珊瑚人物雕刻摆件

(图片提供/绮丽珊瑚)

图4-1-3 海南三亚西岛上的原住民使用浅水珊瑚搭建的房子,珊瑚多孔性非常明显

图4-1-4 宝石类红珊瑚雕刻摆件,珊瑚的质地非常细腻

(图片提供/绮丽珊瑚)

有些珊瑚在海里生长上千年,经历了数代珊瑚虫的分泌与积累。这些历经百年、千年的珊瑚同时也是天然的活化石,记录着海底的历史状况,如海洋地震、海洋水温变化、海洋生物环境等。

二、珊瑚作为装饰物的历史

珊瑚作为最早被人类认识的有机宝石之一,自史前时期就被使用。人们在铁器时代晚期的墓葬中,就发现过镶嵌着珊瑚的装饰物。

珊瑚在世界各地不同的民族文化中均占有重要的地位,寄托着美好的寓意。古希腊的神话中曾多次提到红珊瑚(图4-1-5),对希腊人而言,红珊瑚是"海中珍宝"。在古波斯人的心中,红珊瑚是吉祥的象征,人们相信红珊瑚可以与人相通,认为若身上佩戴的红珊瑚颜色变淡,就意味着佩戴者身体状况在变差。在古罗马时期,人们认为红珊瑚可以逢凶化吉,如果渔民出海打鱼佩戴了红珊瑚,便可以避免遭遇雷电和狂风。印第安人认为红珊瑚是大地之母。在中世纪的欧洲,人们通过佩戴红珊瑚来显示其财富和社会地位。在日本,珊瑚艺术与珍珠、花道、茶道一起被奉为"四大国粹"。在印度,预言者在宗教仪式中都会佩戴珊瑚饰品以驱魔护身。

图4-1-5 红珊瑚首饰

(图片提供/绮丽珊瑚)

在中国古代,珊瑚因其美丽受到了人们的喜爱和追捧。唐代诗人韦应物曾作一首《咏珊瑚》,表达对珊瑚的赞叹和向往:"绛树无花叶,非石亦非琼。世人何处得,蓬莱石上生。"三国时代曹植的《美女篇》中有"攘袖见素手,皓腕约金环。头上金爵钗,腰佩翠琅玕。明珠交玉体,珊瑚间木难。罗衣何飘飘,轻裾随风还。"形象生动地描述了美丽的女子对珊瑚饰品的钟爱。此外,在封建王朝中,珊瑚还是权力和地位的象征,尤其在清代,只有皇帝和二品及以上官员才能用红珊瑚作为顶珠和朝珠(图

4-1-6);后宫中,除皇后和太后外,其他等级的嫔妃皆无资格佩戴红珊瑚,可见红珊瑚之贵重。

珊瑚的药用作用也受到人们的重视,在中国的药典中,记载着珊瑚的清血、明目与接骨等功能。

珊瑚在宗教文化中也有着重要地位。珊瑚是佛教的七宝之一,印度的释迦牟尼佛寺中的宝塔就是用含珊瑚在内的七种宝物所装饰的。西藏藏传佛教中,红珊瑚也扮演着重要的角色,佛教徒把红珊瑚作为吉祥的物品来祭祀佛祖、装饰佛像,使用红珊瑚制作佛珠(图4-1-7)。

图4-1-6 清朝乾隆皇帝佩戴红珊瑚的朝服像

图4-1-7 红珊瑚佛像

(图片提供/绮丽珊瑚)

集无私、善良、慈爱、英勇等传统美德于一身的妈祖是流传于中国沿海地区的民间信仰。人们在出海前要先祭妈祖,祈求保佑船只顺风和安全。台湾南方澳进安宫中有一尊由红珊瑚制成的妈祖雕像(图4-1-8)。这尊妈祖像雕工精细,珊瑚质地细腻,与珍珠、黄金搭配在一起,栩栩如生,法相慈祥而又彰显神威。

地中海的珊瑚商品在距今1000~2000年之间,经由中亚的波斯、阿富汗、巴基斯坦、印度,越过喜马拉雅山南麓的尼泊尔传入中国和日本,更远甚至传到美洲大陆。在印第安人的古物遗迹中也发现了地中海产的珊瑚制品。

珊瑚珠宝在欧洲国家非常流行。意大利在珊瑚开发方面具有悠久的历史,于19世纪初就在国际上确立了珊瑚加工的领导地位。意大利的红珊瑚加工聚集地当数托雷德尔-格雷科(Toree del Greco),它是意大利南部那不勒斯的一个小镇,坐落在维苏威火山脚下。15世纪初期,小镇上的人们便开始从事珊瑚捕捞及加工工作。

到 18 世纪末，当地的红珊瑚珠宝及贝壳雕刻的首饰已经非常有名。这里的加工商们精通红珊瑚的加工处理，生产出了具有较高艺术价值的珊瑚饰品。红珊瑚与其他珍贵宝石及贵金属材料搭配，向人们呈现有神话场景或人物肖像的珠宝及装饰品（图 4-1-9）。在 18 世纪末的欧洲，各色名流贵族以拥有珊瑚饰品来彰显身份。

图 4-1-8　供奉于台湾南方澳进安宫的妈祖雕像

（图片提供/绮丽珊瑚）

图 4-1-9　地中海红珊瑚雕刻件《圣克里斯多夫与耶稣》

（收藏于托雷德尔-格雷科珊瑚博物馆）

三、珊瑚的分类

世界上的珊瑚共有 6000 多种，从古生代一直到现代，它们在海洋中大量地繁衍生长。但其中只有少数十几种珊瑚具有艳丽的色彩和细腻的质地，数千年前就被人们用于珠宝或装饰。它们正是本书中将要讲到的宝石类珊瑚（图 4-1-10）。

（一）按商业价值分类

商业市场上，人们根据采捞时珊瑚原枝的状态，将其分为活枝珊瑚、死枝珊瑚和倒枝珊瑚三种。

活枝珊瑚指在采捞时珊瑚还活着，即有无数微小的珊瑚虫在上面繁衍生息的珊瑚,其表面有一层较厚的生长层。活枝珊瑚的品质最好,其颜色鲜艳且质地细腻,当然市场价值也最高。

死枝珊瑚指在采捞时表面已经没有珊瑚虫活动的珊瑚。因为珊瑚死亡时间长短不同,死枝珊瑚表面会形成一些白色、黑色或灰白色的皮层。死枝珊瑚上常常有小蛀洞。此类珊瑚的商业等级和价值是采捞珊瑚中最低的。

倒枝珊瑚在采捞时虽然表面没有珊瑚虫生存,但外表部分位置有时也覆盖着生长皮层,其品质和商业价值介于死枝珊瑚和活枝珊瑚之间。

图4-1-10 在巴黎梵克雅宝珠宝学校展出过的莫莫红珊瑚项链

(二)按化学组成分类

从化学组成上看,宝石类珊瑚有钙质型珊瑚和角质型珊瑚两类,前者主要由碳酸钙组成,含有极少的有机质,从颜色上看,其代表是红珊瑚、蓝珊瑚、白珊瑚及花色珊瑚等;后者主要由有机质组成,其代表是黑珊瑚和金珊瑚。

1. 红珊瑚

红珊瑚又称贵珊瑚,指颜色为深红色、浓红色、艳红色、红色、浅红色等红色系列的珊瑚(图4-1-11、图4-1-12)。红珊瑚的主要化学成分为碳酸钙,还含有少量的碳酸镁、硫酸钙、氧化铁和其他有机质。红珊瑚不能形成珊瑚礁,只能形成相对较小的分支群体,附着于海底,外形呈树枝状。

图4-1-11 红珊瑚项链
(图片提供/绮丽珊瑚)

图4-1-12 红珊瑚小枝

目前,红珊瑚在日本南部深海海域、中国台湾海域、地中海海域以及夏威夷群岛深海海域均有分布。红珊瑚对生长环境的水质要求很高,而且其生长速度极慢,约20年才生长1cm,因此被人们誉为千年灵物。在日本、中国台湾和意大利等珊瑚产地,红珊瑚开采实行区域管制及限量开采,以让红珊瑚休养生息。

2. 蓝珊瑚

蓝珊瑚分布于印度洋、太平洋等海域,生长在浅海区,其质地多孔性比较明显,颜色为浅蓝色或蓝色,是一种绚丽多彩的珊瑚品种(图4-1-13)。商业市场上的蓝珊瑚有部分是经过人工树脂填充处理的,以掩饰其多孔性特质并增强其表面光泽度和牢固度。

图4-1-13 表面多孔的蓝珊瑚
(图片提供/法国巴黎宝石学院)

3. 白珊瑚

白珊瑚包括颜色为白色、灰白色、乳白色、瓷白色的珊瑚。深海产的白珊瑚往往有粉色斑点,纯白色的珊瑚因稀有而商业价值较高(图4-1-14~图4-1-17)。

图4-1-14 略带粉红色的白珊瑚
(图片提供/法国巴黎宝石学院)

图4-1-15 白珊瑚与粉珊瑚花型小件
(图片提供/法国巴黎宝石学院)

图 4-1-16　粉红珊瑚及白珊瑚项链

（图片提供/绮丽珊瑚）

图 4-1-17　白珊瑚雕刻摆件

（图片提供/绮丽珊瑚）

4. 花色珊瑚

花色珊瑚指颜色为一种以上的珊瑚，常见的花色珊瑚有白色＋粉红色、粉红色＋桃红色等天然混色珊瑚等。花色珊瑚的主要代表有莫莫花色珊瑚和深水花色珊瑚。

莫莫珊瑚枝体较大，花色的莫莫珊瑚是很好的巧雕材料，若设计精巧、材料运用得当，可以得到理想的珊瑚雕刻作品（图 4-1-18）。

深水花色珊瑚是生长于 900～1800m 海域中的珊瑚，其光泽度高于红珊瑚中的莫莫珊瑚和沙丁珊瑚，呈强树脂光泽。深水花色珊瑚的颜色为白底带粉红色斑点、粉红底带红色斑点等（图 4-1-19）。深水珊瑚内部有白芯及同心圆生长纹（图 4-1-20）。

从深海中打捞出来的深水珊瑚，在深海中一直承受着巨大的水压，然而在打捞的过程中水的压力减少，压力的骤然变化使得打捞出的部分珊瑚上产生压力裂纹。

图 4-1-18　花色莫莫珊瑚雕刻件《关圣帝君》

（图片提供/绮丽珊瑚）

图 4-1-19　粉白色和粉红色相间的

深水珊瑚项链

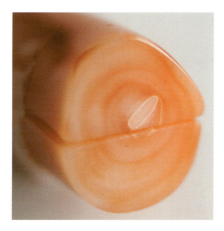

图 4-1-20 从中间被切开的粉色+桃红色深水花色珊瑚,可以清楚地看到珊瑚内部的扁圆形白芯位置,以及从内到外的如同树木年轮的生长纹 (照片摄影/C. Roux)

5. 黑珊瑚

黑珊瑚是颜色为灰黑色至黑色的珊瑚,比较罕见,有时可形成高大的珊瑚树(图 4-1-21、图 4-1-22)。它生长于热带、亚热带和温带海域,在加勒比海、西印度群岛和太平洋的某些海区以及夏威夷附近的岛屿出产较多。

图 4-1-21 黑珊瑚原枝　　　　　　　　图 4-1-22 黑珊瑚项链
(图片提供/法国马赛宝石学实验室)　　(图片提供/法国巴黎宝石学院)

6. 金珊瑚

金珊瑚的颜色有黄褐色、金黄色,其表面有清晰的丘疹状小凸起或平行细条状纹理(图4-1-23、图4-1-24)。金珊瑚摩氏硬度为2.5~3,密度约为1.37g/cm³,其产地在北太平洋中途岛海域附近等。

金珊瑚是宝石珊瑚中的稀有品种,同时也是保育品种(受到国际或国家野生动物保护法保护,不允许或被限制开采的珊瑚),在商业珊瑚交易市场上较少见到。

图4-1-23 表面有清晰的丘疹状小凸起的黄褐色金珊瑚

（图片提供/法国巴黎宝石学院）

图4-1-24 表面有纵向的平行细条状纹理的金黄色金珊瑚

（图片提供/法国马赛宝石学实验室）

宝石级红珊瑚和黑珊瑚、金珊瑚等的捕捞和出口均受到严格控制,不少国家已经禁止珊瑚的捕捞。根据联合国的公开资料,由于人们的过度捕捞,作为珠宝饰品重要原材料的珍稀珊瑚,其资源大量减少。例如,1983年全球近70％的红珊瑚捕捞量均来自地中海海隆,质量接近140t。由于珍稀珊瑚生长缓慢,补充速度极低,地中海海隆的红珊瑚、金珊瑚、黑珊瑚等资源已经接近枯竭。因此,保护海洋生态环境,使海洋瑰宝珊瑚得到充分的休养,是珊瑚行业长期可持续发展的必然要求。

第二节 红珊瑚的种类及特征

一、红珊瑚的种类

歌曲《珊瑚颂》形象地歌颂了红珊瑚的美丽:"一树红花照碧海,一团火焰出水来,珊瑚树红春常在,风里浪里把花开……"(图4-2-1)。美丽鲜艳的颜色、婀娜多姿的形态、温润似玉的质地使得红珊瑚深受人们的喜爱。

图4-2-1 珊瑚烽火树

(图片提供/绮丽珊瑚)

中国珠宝行业标准《宝石级红珊瑚鉴定分级》(DZ/T 0311—2018)中给出了宝石级红珊瑚的定义,即宝石级红珊瑚是一种生物成因有机宝石,主要由方解石型碳酸钙和少量有机质组成,生物学中归属于腔肠动物门珊瑚虫纲八放珊瑚亚纲软珊瑚目红珊瑚科。这个定义明确了宝石级红珊瑚的生物学种属,同时由于《濒危野生动植物种国际贸易公约》(CITES)将红珊瑚科以外的珊瑚列入附录二,禁止开采销售,因此只有归属于八放珊瑚亚纲软珊瑚目红珊瑚科的珊瑚才可以被称为宝石级红珊瑚。

市场上重要且常见的红珊瑚品种可分为三种:阿卡珊瑚、莫莫珊瑚、沙丁珊瑚,它们主要以颜色深浅及珊瑚种类进行区分。

1. 阿卡珊瑚(Aka)

阿卡珊瑚,又名赤珊瑚、赤红珊瑚,生长在日本及中国台湾等海域。阿卡珊瑚原枝的枝体不大,珊瑚枝末端呈现白色,表面可见生长纹理,经过打磨后,这种纹理便无法通过肉眼观察到。

阿卡珊瑚的光泽度是红珊瑚中最高的,为玻璃光泽,透明度为半透明—微透明,其颜色有深红色、浓红色、艳红色、橘红色、红色、浅红色、白色等(图4-2-2,图4-2-3)。深红色的阿卡珊瑚颜色艳丽,红色饱和度高,有时甚至略偏暗红色(其颜色被称为"牛血红"),在红珊瑚中颜色等级最好。

阿卡珊瑚质地特殊,特点之一是有生长白芯,由于这个缘故,阿卡珊瑚有时并不适合做成圆珠项链,而比较适合做成雕刻件、弧面宝石等(图4-2-4)。

图4-2-2 产自日本的大块阿卡红珊瑚　　　图4-2-3 水滴状阿卡红珊瑚

(图片提供/法国 Arteau Paris 珠宝)

图4-2-4 阿卡红珊瑚镶嵌珠宝

(左:《仕女》;中:《鼻烟壶》;右:《老鹰》;图片提供/王月要)

2. 沙丁珊瑚（Sardinia）

沙丁珊瑚又称浓赤珊瑚，主要产自欧洲地中海撒丁岛附近海域。因为经营者大多为意大利人，所以也有人将沙丁珊瑚称为"意大利珊瑚"及"地中海珊瑚"。沙丁珊瑚的颜色通常比阿卡珊瑚浅，为深红色—浅红色，有时红色中有橙色的伴色（图4-2-5～图4-2-7）。沙丁珊瑚呈蜡状光泽，微透明—不透明，其表面有较明显的平行细纹，即使经过打磨，这种纹理依然可见。沙丁珊瑚没有白芯，这是它与阿卡珊瑚的最大区别之一，但由沙丁珊瑚制成的戒面、圆珠、雕刻挂件的背面有时可以观察到有较小的白点，或者颜色不均匀的白色痕迹。

图4-2-5 沙丁珊瑚小块　　图4-2-6 沙丁珊瑚项链（图片提供/琳珑珊瑚）　　图4-2-7 沙丁珊瑚项链（图片提供/琳珑珊瑚）

3. 莫莫珊瑚（Momo）

莫莫珊瑚又称桃红珊瑚，其中的桃红色或橘红色品种人们最为熟悉（图4-2-8、图4-2-9）。但其实，莫莫珊瑚的颜色在白色与赤红色之间皆有分布，有时偏红色系，有时偏橙色系（图4-2-10），有时偏粉红色系。莫莫珊瑚为微透明—不透明，质地较细腻—较粗。它是宝石级红珊瑚中能长得最大的品种，主要产于日本、菲律宾和中国台湾海域。

在莫莫珊瑚中，有一种著名的浅粉色珊瑚，因其颜色和光泽像是天使柔嫩的肌肤而被称为天使面珊瑚，又称孩儿面珊瑚、MISS珊瑚或美西珊瑚（图4-2-11）。这种珊瑚出产在日本及中国香港外海等海域，其色泽柔和优雅，深得西方人士的喜爱。天使面珊瑚表面细腻，打磨后肉眼往往看不到平行纵向纹理，横截面上可以看到从内到外的树木年轮状同心生长纹（图4-2-12）。

有机宝石鉴赏

珍珠 琥珀 珊瑚

图4-2-8 桃红色莫莫珊瑚雕刻件《绮丽仙境》
（图片提供/绮丽珊瑚）

图4-2-9 桃红色系的莫莫珊瑚项链
（图片提供/法国Arteau Paris珠宝）

图4-2-10 以橙红色莫莫珊瑚为主石的彩宝耳饰
（图片提供/法国Arteau Paris珠宝）

图4-2-11 天使面珊瑚吊坠
（图片提供/夏鸥）

图4-2-12 天使面珊瑚
（左：看不到表面平行细纹；右：可见内部同心生长纹）

二、天然红珊瑚的特征及品种区分

中国珠宝行业标准《宝石级红珊瑚鉴定分级》中列出了红—橙红色珊瑚主要品种的鉴定特征,如表4-2-1所示。

表4-2-1 红—橙红色珊瑚主要品种鉴定特征

品种	肉眼观测特征	放大检查特征		
		20倍放大条件下	40倍放大条件下	100倍放大条件下
阿卡珊瑚	玻璃光泽,半透明—微透明,质地细腻,生长纹理不明显,多具白芯,但不位于珊瑚主体中轴部位	横截面可见以白芯为中心的同心层状和放射状纹理,纵面可见平行纵向纹理,边界较模糊,不同条带间的颜色差异不明显,不具颗粒感	一般不具颗粒感,偶见局部具颗粒感	多不具颗粒感
莫莫珊瑚	玻璃—蜡状光泽,微透明—不透明,质地较细腻—较粗,具明显生长纹理,具白芯,多位于珊瑚主体中轴部位	横截面可见以白芯为中心的同心层状和放射状纹理,纵面可见纵向纹理,边界清晰,不同条带间的颜色差异明显,部分质地较粗者具颗粒感	多具颗粒感	均具颗粒感
沙丁珊瑚	蜡状光泽,微透明—不透明,质地较粗,具明显生长纹理,颜色均匀,无白芯	横截面无白芯,可见同心层状和放射状纹理,纵面可见平行纵向纹理,边界较清晰,不同条带间的颜色差异较明显,部分质地较粗者具颗粒感	多具颗粒感	均具颗粒感

阿卡珊瑚、沙丁珊瑚和莫莫珊瑚同属于红珊瑚,且横截面上均可见同心层状和放射状纹理,常常被人们混淆。通过下面的方法,我们可以对这三种天然红珊瑚进行区分。

(1)从颜色深度来看,阿卡珊瑚的红色往往深于沙丁珊瑚,沙丁珊瑚又深于莫莫珊瑚。莫莫珊瑚的颜色通常会偏橙色调。

(2)从光泽度来看,阿卡珊瑚在这三种红珊瑚中最佳,呈现玻璃光泽。这是由于阿卡珊瑚中纤维状方解石晶体单元的定向性明显优于莫莫珊瑚和沙丁珊瑚。

(3)从透明度来比较,阿卡珊瑚为半透明—微透明,而沙丁珊瑚和莫莫珊瑚为微透明—不透明。用小手电从红珊瑚背部照射,可以发现三种红珊瑚中阿卡珊瑚的透光性最好。

(4)阿卡珊瑚和莫莫珊瑚都有白芯(图4-2-13),只不过白芯位置有所不同,而沙丁珊瑚没有白芯,偶有白点。

图4-2-13 红珊瑚手链,中间最大的莫莫珊瑚珠可以看到打孔处的白芯

(图片提供/法国 Arteau Paris 珠宝)

(5)从表面纹理来看,阿卡珊瑚质地细腻,表面颗粒感和平行纹理通常不明显,在放大镜下也难以觉察;而沙丁珊瑚质地较粗,表面有清晰的平行细条带状纹理,即使经过打磨,纹理依然可见(图4-2-14)。莫莫珊瑚质地细腻程度介于二者之间。

图4-2-14 打磨前(左)及打磨后(右)的沙丁珊瑚

(6)三种红珊瑚的密度略有不同,阿卡珊瑚的密度为 $2.55\sim2.65\text{g/cm}^3$,沙丁珊

瑚为 $2.65\sim2.70\text{g/cm}^3$，莫莫珊瑚的密度为 $2.68\sim2.70\text{g/cm}^3$，三种红珊瑚品种中阿卡珊瑚的密度相对最小。

（7）宝石级红珊瑚的原枝呈现树枝状外形。三种红珊瑚品种中，阿卡珊瑚的原枝相对最小，而莫莫珊瑚的原枝可以长到最大，沙丁珊瑚居两者之间。从原枝的颜色上比较，阿卡珊瑚和莫莫珊瑚的原枝末端有白色（图4-2-15，图4-2-16），而沙丁珊瑚的原枝通体呈红色（图4-2-17）。另外，阿卡珊瑚和莫莫珊瑚的原枝均为末端细而底部粗，沙丁珊瑚末端与底部的粗细比例则没有那么明显。

图4-2-15　阿卡珊瑚原枝

（图片提供/绮丽珊瑚）

图4-2-16　莫莫珊瑚摆件《绝处重生》

（图片提供/绮丽珊瑚）

图4-2-17　沙丁珊瑚原枝

第三节　红珊瑚的分级

颜色绚丽、姿态万千、温润亮泽的宝石级红珊瑚被誉为海洋中的千年生灵，同时也是世界著名的三大有机宝石之一。中国珠宝行业标准《宝石级红珊瑚鉴定分级》中，对红珊瑚的分级提出了先分品种再分级的方法。即首先区别红珊瑚是阿卡珊瑚、沙丁珊瑚还是莫莫珊瑚，然后再从颜色、净度、质地三个方面对珊瑚的品质进行分级。在同样颜色等级的红珊瑚中，阿卡红珊瑚价值最高，莫莫珊瑚和沙丁珊瑚居后。当然,珠宝业界所称的宝石级红珊瑚,仅指从海洋中天然捕捞获得的、完全没有经过优化处理的宝石级红珊瑚(图4-3-1)。

高品质的红珊瑚应当颜色饱和度高、色彩均匀、表面细腻、光泽度高、体块较大、无(少)裂隙、无(少)斑点、无(少)色带及孔穴(图4-3-2)。如果是雕刻件或镶嵌件,本书认为同时应当考虑雕工手艺精湛、设计意境美好。

图4-3-1 红珊瑚珠链及红珊瑚小块

(图片提供/绮丽珊瑚)

图4-3-2 红珊瑚烽火树

(图片提供/绮丽珊瑚)

一、颜色分级

颜色分级即按珊瑚颜色的饱和度及均匀程度进行分级。红珊瑚以红色鲜艳、纯正美丽、色调均匀、饱和度高者为优。红珊瑚颜色主要分为五级,分别为深红色、浓红色、艳红色、红色、浅红色(图4-3-3)。

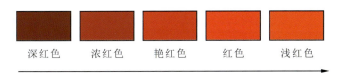

图4-3-3 红珊瑚颜色等级

阿卡、沙丁和莫莫珊瑚的颜色等级分级标准如表4-3-1～表4-3-3所示,部分珊瑚颜色可参考图4-3-4～图4-3-9。

表4-3-1 阿卡珊瑚颜色级别及表示方法

颜色级别		肉眼观察特征
深红	DR	样品主体颜色为红色,颜色浓郁饱满,极暗
浓红	IR	样品主体颜色为红色,颜色浓郁,暗
艳红	VR	样品主体颜色为红色,颜色鲜艳饱满,较暗
红	R	样品主体颜色为红色,伴有极轻微的黄色调,颜色浓淡适中,较明亮
浅红	LR	样品主体颜色为红色,伴有极轻微的黄色调,颜色较浅,明亮

表4-3-2 沙丁珊瑚颜色级别及表示方法

颜色级别		肉眼观察特征
深红	DR	样品主体颜色为红色,颜色浓郁,极暗
浓红	IR	样品主体颜色为红色,颜色鲜艳饱满,暗
艳红	VR	样品主体颜色为红色,伴有极轻微的黄色调,颜色鲜艳饱满,较暗
红	R	样品主体颜色为红色,伴有轻微的黄色调,颜色浓淡适中,较明亮
浅红	LR	样品主体颜色为红色,伴有黄色调,颜色较浅,明亮

表4-3-3 莫莫珊瑚颜色级别及表示方法

颜色级别		肉眼观察特征
深红	DR	样品主体颜色为红色,颜色浓郁,暗
浓红	IR	样品主体颜色为红色,颜色鲜艳饱满,较暗
艳红	VR	样品主体颜色为红色,颜色浓淡适中,较明亮
红	R	样品主体颜色为红色,明亮

续表 4-3-3

颜色级别		肉眼观察特征
浅红	LR	样品主体颜色为红色,颜色较浅,明亮
深橙红	DOR	样品主体颜色为红色,伴有轻微的黄色调,颜色鲜艳饱满,较明亮
橙红	OR	样品主体颜色为红色,伴有轻微的黄色调,颜色浓淡适中,明亮
浅橙红	LOR	样品主体颜色为红色,伴有黄色调,颜色较浅,明亮

图 4-3-4 深红色阿卡珊瑚珠宝

（图片提供/绮丽珊瑚）

图 4-3-5 浓红色阿卡珊瑚配饰

（图片提供/王月要）

图 4-3-6 红色沙丁珊瑚耳环

图 4-3-7 浅红色沙丁珊瑚耳环

来自海洋的美丽瑰宝——珊瑚 第四章

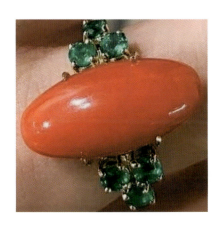

图4-3-8 浅红色莫莫珊瑚戒指

图4-3-9 橙红色莫莫珊瑚耳环

(图4-3-6~图4-3-9由夏鸥提供)

二、净度分级

红珊瑚的净度即表面瑕疵度。对于有天然白芯的阿卡珊瑚和莫莫珊瑚,其白芯位置越明显,红珊瑚的等级越低(图4-3-10)。此外,红珊瑚表面的虫洞、白点、划痕等瑕疵的大小、分布位置以及是否会影响到红珊瑚本身的牢固度及耐久性等都是评判红珊瑚表面瑕疵等级的要素。根据《宝石级红珊瑚鉴定分级》,珊瑚的表面净度分为极好、很好、好、一般四个等级(表4-3-4,图4-3-11、图4-3-12)。

图4-3-10 有明显白芯的红珊瑚手链

(图片提供/夏鸥)

表4-3-4 红珊瑚净度级别及表示方法

净度级别		肉眼观测特征
极好	EX	极难观察到表面瑕疵
很好	VG	表面有非常少的瑕疵,似针点状,较难观察到
好	G	瑕疵较明显,占表面积的四分之一以下
一般	F	瑕疵明显,严重的占据表面积的四分之一以上

图 4-3-11　净度极好的阿卡珊瑚珠宝
（图片提供/绮丽珊瑚）

图 4-3-12　净度一般，表面白芯、虫洞明显的红珊瑚项链
（图片提供/琳珑珊瑚）

三、质地分级

《宝石级红珊瑚鉴定分级》将珊瑚表面观察与内部结构观察相结合，提出了红珊瑚质地的概念，即红珊瑚结构的细腻程度及生长纹理的明显程度。

红珊瑚的表面光泽往往与致密度有很大关系。珊瑚的致密度越高，表面越细腻，其光泽度越好，等级越高。不同品种珊瑚的质地分为极好、好、一般三个级别（表4-3-5～表4-3-7，图4-3-13～图4-3-15），在同一等级的红珊瑚中，阿卡珊瑚质地最细腻，光泽度最好。

表 4-3-5　阿卡珊瑚质地级别表示方法

质地级别		肉眼观察特征
极好	EX	质地极细腻，极难见生长纹理
好	G	质地细腻，难见生长纹理
一般	F	质地较细腻，较难见生长纹理

表 4-3-6　莫莫珊瑚质地级别表示方法

质地级别		肉眼观察特征
极好	EX	质地极细腻，难见生长纹理
好	G	质地较细腻，较难见生长纹理
一般	F	质地较粗，较易见生长纹理

来自海洋的美丽瑰宝——珊瑚 第四章

表 4-3-7 沙丁珊瑚质地级别表示方法

质地级别		肉眼观察特征
极好	EX	质地较细腻,较难见生长纹理
好	G	质地较粗,较易见生长纹理
一般	F	质地粗,易见生长纹理

图 4-3-13 质地极好的莫莫珊瑚,中间的珊瑚珠可见白芯,但是表面质地细腻,肉眼看不到生长纹理 (图片提供/法国 Arteau Paris 珠宝)

图 4-3-14 质地好的莫莫珊瑚,肉眼可以看见细微的生长纹理

图 4-3-15 质地一般的莫莫珊瑚,肉眼可见较明显的生长纹理
(图片提供/琳珑珊瑚)

在《宝石级红珊瑚鉴定分级》的三个分级标准——颜色、净度、质地之外,笔者认为,选购及收藏红珊瑚时还应考虑另外两点,即珊瑚的体积质量和设计雕刻的工艺水平。

(1)珊瑚的体积质量。珊瑚体积及质量越大越好,块小者、残断枝往往只作小件首饰或装饰用(图4-3-16)。而大块珊瑚的市场价值不是小块珊瑚的总和,而是其数倍(图4-3-17)。例如,在颜色饱和度、表面净度和质地相同的情况下,一块重10g的红珊瑚价格是2块5g红珊瑚的2~3倍,而一块20g的红珊瑚价格则是4块5g红珊瑚的10倍以上。

图4-3-16 莫莫珊瑚贴片作品《鹏程万里》,表面羽毛由小片珊瑚拼贴而成
(图片提供/绮丽珊瑚)

图4-3-17 莫莫橙红色珊瑚雕刻件《岩洞观音》,珊瑚块体较大,保留了部分的原枝表皮层
(图片提供/绮丽珊瑚)

(2)设计雕刻的工艺水平。加工宝石级红珊瑚,通常需要经过原料清洗、选料、设计、切料、粗磨、细磨、雕刻、打孔、抛光、镶嵌等工序(图4-3-18~图4-3-20)。雕刻或镶嵌后的红珊瑚在分级时除了要评定珊瑚本身的等级,还可以考虑设计艺术水平、雕刻工艺水平和镶嵌工艺水平等。珊瑚雕刻艺术品的文化内涵越丰富,做工越精细越好。一块质地优良、等级较高的珊瑚,在经过能工巧匠的细心设计、雕琢与镶嵌后,其商业价值也会得到明显提升(图4-3-21)。

第四章 来自海洋的美丽瑰宝——珊瑚

图4-3-18 经过初次分拣的珊瑚原枝

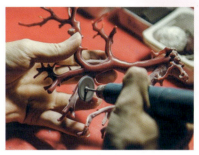

图4-3-19 打磨珊瑚

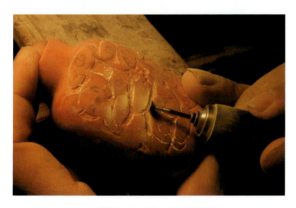

图4-3-20 雕刻珊瑚

图4-3-21 莫莫珊瑚雕刻件《单龙戏珠》

(图4-3-19～图4-3-21由绮丽珊瑚提供)

第四节 红珊瑚的优化处理

鲜艳美丽的红珊瑚有着悠久的历史文化积淀,它伴随人类文明发展史一路走来,从古至今深受人们的喜爱(图4-4-1、图4-4-2)。然而,由于天然红珊瑚资源稀缺,价格高昂,随着红珊瑚优化处理技术的进步,市场上常常出现以经过人为处理的珊瑚制品冒充天然红珊瑚的情况。了解和学习红珊瑚的优化处理方式,才能更全面地了解红珊瑚的市场价值和收藏价值。

红珊瑚常见的优化处理方法有漂白、充填、覆膜、染色处理。

139

有机宝石鉴赏 珍珠 琥珀 珊瑚

图4-4-1 红珊瑚项链
（图片提供/夏鸥）

图4-4-2 红珊瑚雕刻叶子
（图片提供/琳珑珊瑚）

一、漂白

漂白是采用化学溶液对珊瑚进行浸泡，使其颜色变浅或去除杂质，它属于优化。

漂白方法：先将颜色不佳的珊瑚原料除去外皮，打磨制成珊瑚细坯后，再将其放入双氧水和其他化学液体的混合溶液中漂白，使珊瑚由黯淡的颜色转变为白色，或是其他市场价值比较高的颜色。暗红色的珊瑚经过漂白可以变为粉红色。对块度较大的珊瑚进行漂白时，需要浸泡的时间更久些。

漂白红珊瑚的鉴别方法：

观察珊瑚表面，经过漂白的珊瑚颜色通常较浅，显得呆板不自然，整体看起来比较疏松，表面光泽度低于未经漂白处理的珊瑚。

二、充填

充填是针对有表面瑕疵的珊瑚，用珊瑚小块、珊瑚粉加上蜡或环氧树脂来填补其表面裂隙、虫孔等，以提升珊瑚的美观度和耐久性。

浸蜡红珊瑚的鉴别方法：

（1）观察珊瑚表面。阿卡珊瑚原本呈玻璃光泽，若表面有浸蜡，则有蜡的位置会呈现蜡状光泽，二者区别明显。但沙丁珊瑚本身呈蜡状光泽，即使经浸蜡处理也不太明显，需要进一步区分。

（2）由于蜡本身的硬度很低，表面有蜡的珊瑚，往往可以看到划痕、被碰撞的痕迹等。人指甲的硬度高于蜡，用指甲刻划珊瑚表面，如果没有经过浸蜡，则刻划不动；如果珊瑚经过浸蜡，则会有蜡的小碎片剥落。

（3）用热针在浸蜡位置测试，有蜡的部分会热熔。

充填环氧树脂的红珊瑚的鉴别方法：

（1）在放大情况下观察珊瑚的填补位置，通常可见环氧树脂填充物胶水的小气泡。此外，填补位置的颜色、纹理、透明度、光泽度均与珊瑚本身不同，两者之间存在界线。

（2）未经处理的红珊瑚密度为 $2.5\sim2.8 g/cm^3$，而填充材料环氧树脂的密度只有 $1.1\sim1.3 g/cm^3$。使用电子密度仪对珊瑚的密度进行检测，可以判断它是否经过充填处理。

（3）对于用环氧树脂充填的珊瑚，当热针靠近填充位置时，可以看到有环氧树脂聚合物析出。

三、覆膜

覆膜指的是在品相不佳的珊瑚表面上涂覆有色膜或无色膜，以改善其光泽和颜色的优化处理方法。其中，涂覆无色膜可改善珊瑚光泽并保护其表面，属于优化（应附注说明）；涂覆有色膜可改变或加深珊瑚颜色，属于处理。

覆膜红珊瑚的鉴别方法：

（1）在放大情况下仔细观察，天然无处理红珊瑚表面有纵向平行细纹，而覆膜珊瑚表面纹理不可见或不明显。天然无处理红珊瑚与覆膜珊瑚的光泽也存在差异，尤其是阿卡珊瑚的玻璃光泽强于覆膜珊瑚。在透射灯光下观察，有时可见覆膜珊瑚环氧树脂材料中的气泡。

（2）在放大镜或显微镜下可以观察到覆膜珊瑚表面的磨损或剥落区域，有些覆膜珊瑚的涂覆层有涂覆不均匀的部分。

（3）可以借助红外光谱仪和激光拉曼光谱仪等来观察是否有人工环氧树脂材料吸收峰，以此判断珊瑚是否经过覆膜。

四、染色处理

为了提高颜色等级低的珊瑚的市场价值，可以将其染色。将白色珊瑚或颜色等级低的珊瑚浸泡在红色染料中，可以将其染成红色。

染色红珊瑚的鉴别方法：

(1)染色珊瑚的颜色往往较呆板，不太自然，与天然红珊瑚明显不同(图4-4-3、图4-4-4)。在放大情况下仔细观察染色珊瑚表面，可以看到有色颜料聚集处颜色较深，这是染料相对集中于珊瑚表面的小裂隙、凹凸等瑕疵处而导致的颜色不均匀。若从染色珊瑚打孔处或从中间切割开放大观察，可以看到染色珊瑚的内部颜色浅，明显不同于表面的红色。

(2)用蘸有丙酮的棉签擦拭染色珊瑚，棉签上会沾有染料的颜色，天然未经染色的珊瑚则没有掉色现象。

图4-4-3 未经处理的红珊瑚，颜色鲜艳而自然

（图片提供／绮丽珊瑚）

图4-4-4 染色珊瑚，表面可见分布不均匀的红色染料

(3)经过染色的珊瑚，在佩戴一段时间后，会失去光泽并会有掉色或颜色变浅的现象。

(4)可以借助红外光谱仪和激光拉曼光谱仪等来判断是否有特征的染料吸收峰，以此鉴别珊瑚是否经过染色。

除了以上四种，常见的珊瑚处理方式还有对珊瑚进行拼合。严格来讲，拼合珊瑚并不属于珊瑚的优化处理手段。这是通过粘贴、修补等方式，将块体过小的珊瑚或珊瑚碎片拼接成较大珊瑚的一种工艺,目的是提升小块珊瑚的市场价值。

具体做法:先对小块的珊瑚碎料接口进行打磨,使各块小珊瑚拼合在一起,然后在中间注胶,使之凝固、塑形。最后再在其表面雕些花纹,以用来掩盖拼合痕迹。

可使用天然同色红珊瑚碎料进行拼接,或者用白珊瑚碎料染色后再拼接的方式得到拼合红珊瑚。

拼合红珊瑚的鉴别方法:

(1)在放大条件下仔细观察,可以看到珊瑚碎料间平行条带状的拼合痕迹(图4-4-5、图4-4-6)。

(2)如果拼合珊瑚后期又经过染色,可以同时参考前述染色珊瑚的鉴别方法来鉴别。

图4-4-5 拼合珊瑚手镯内部没有外部的雕刻纹理,可以更清楚地观察到拼合珊瑚的痕迹

(图片提供/琳珑珊瑚)

图4-4-6 拼合珊瑚手镯鉴定证书

(图片提供/琳珑珊瑚)

另外,业界公认的正常珊瑚保养方式,还有在珊瑚表面涂杏仁油或浸油,这种做法可以增加珊瑚表面的光泽和柔润感,同时延长其使用寿命。

第五节 红珊瑚的仿品及鉴别

为了获取利润，一些珠宝商家会以价格低廉的材料来仿制具有较高市场价值的红珊瑚。了解红珊瑚仿品的类型及其鉴别方法，可以在选购及收藏时避免掉入陷阱。

珊瑚仿品有两大类：一类是以天然材料制成的，如对软珊瑚等非宝石级珊瑚进行加工来仿冒宝石级红珊瑚；另一类是以人工材料，如塑料、玻璃等制成的。

一、以天然材料制成的珊瑚仿品

1. 软珊瑚充填、染色后仿红珊瑚

软珊瑚，俗称草珊瑚，是一种质地疏松的浅海树枝状造礁珊瑚，通常为橙色至红色。无需放大观察，肉眼即可见软珊瑚的多孔结构，看上去有些像海绵的众多微小孔洞，因而它也称海绵珊瑚。软珊瑚牢固度差，比红珊瑚易碎得多。这种珊瑚必须经过充填注胶及染色、抛光才会有较好的外观，因此市场上的软珊瑚仿品均是经过人工充填、染色处理的（图4-4-7）。

图4-4-7 充填前（左）后（右）的软珊瑚

（图片提供/法国巴黎宝石学院）

软珊瑚仿品的鉴别方法:

(1)看表面特征。软珊瑚具有明显的多孔性,即使经过充填,在放大条件下表面仍然可见原有的众多小孔痕迹。而红珊瑚质地紧密,表面没有像软珊瑚这样的众多小孔洞。

(2)看颜色。软珊瑚仿品表面往往填充过环氧树脂,因而显得更加光滑,颜色比没有经过处理的红珊瑚更鲜艳,但这种染制的红色不如红珊瑚的天然红色那么柔和自然。

(3)软珊瑚没有红珊瑚的表面生长纹理和横截面上的同心圆结构,也没有莫莫珊瑚和阿卡珊瑚的白芯。

(4)看质地及牢固度。软珊瑚本身比较疏松,牢固度不佳,易碎。

(5)擦色比较。由于软珊瑚仿品多经过染色,用棉签蘸丙酮或者酒精擦拭其表面,会有掉色现象。

2. 粗枝珊瑚染色后仿红珊瑚

粗枝珊瑚又被称为海竹珊瑚,因为其形状像竹节而得名。它也是珊瑚的一种,但生长在浅海,颜色为白色,市面上看到的红色粗枝珊瑚大多是经过染色的(图4-4-8、图4-4-9)。这种珊瑚主要产于印度尼西亚、菲律宾及越南海域,其生长速度极快,价格低廉,是珊瑚市场上比较多见的仿品材料。

图4-4-8 有竹节纹理的粗枝珊瑚,表面被染为红色,但内部仍为白色

(图片提供/法国巴黎宝石学院)

图4-4-9 切开的染色粗枝珊瑚,内部大部分位置仍为白色

粗枝珊瑚的鉴别方法：

(1)天然红珊瑚质地细腻，其横截面上的放射状纹理不明显，需要借助放大镜及显微镜才可观察到。而粗枝珊瑚的生长纹理粗糙松散，其横截面上由内及外的放射状纹理肉眼可见（图4-4-10）。另外，粗枝珊瑚中心有白色圆点，但与莫莫珊瑚和阿卡珊瑚的白芯有所不同。

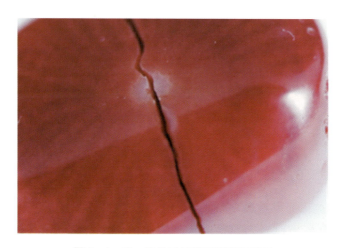

图4-4-10　染色后的粗枝珊瑚横截面

(2)从粗枝珊瑚的侧表面观察，可以看到平行纹理，但这种粗纹理的间距明显比红珊瑚的纵向细纹大很多（图4-4-11、图4-4-12）。

图4-4-11　沙丁珊瑚表面细纹间距较小　　图4-4-12　染色粗枝珊瑚珠表面的平行纹理间距较大

(3)由于粗枝珊瑚多经过染色,放大观察,在表面不太平整的位置,可见染料分布不均匀的痕迹(图4-4-13、图4-4-14)。

(4)用棉签蘸丙酮或者酒精擦拭染色的粗枝珊瑚,棉签上会沾上染料的红色。

图4-4-13 天然粉红色珊瑚
(图片提供/法国 Arteau Paris 珠宝)

图4-4-14 由白色粗枝珊瑚染成粉红色的珊瑚小珠,肉眼可见染料在表面瑕疵处聚集

3. 贝壳或砗磲仿珊瑚

天然贝壳、砗磲颜色不均匀,表面有自然形成的生长细纹或小孔。由于贝壳或砗磲通常都是白色的,制作珊瑚仿品时需要经过染色。

贝壳、砗磲仿珊瑚的鉴别方法:

(1)观察表面纹理及结构。砗磲是贝壳化石,其天然生长纹理是贝壳的平行层状结构,不同于天然珊瑚表面的纵向平行细纹和横截面上的同心圆结构、白芯等。

(2)砗磲或贝壳珠的密度约为$1.3g/cm^3$,而天然红珊瑚的密度为$2.5\sim2.8g/cm^3$,可以通过密度测试对两者做出区分。

(3)红珊瑚摩氏硬度为2.5～3.5,而贝壳摩氏硬度更高,为3.5～4。

(4)为了模仿红珊瑚美丽的红色,通常对白色的砗磲进行染色。经过染色的砗磲或贝壳仿珊瑚易褪色,用棉签蘸丙酮或酒精擦拭,棉签上呈红色。

4. 染色骨制品仿珊瑚

骨制品大多用来仿制象牙,但有些牛骨、驼骨、象骨等会被加工染色制成珊瑚仿品。这种仿品常用来冒充年代久远的珊瑚。

骨制品仿珊瑚的鉴别方法:

(1)红珊瑚虽然有白芯或白点,但是整体的红色内外浑然一体;而骨制品染色珊瑚仿品的内外部颜色有明显区别,用棉签蘸丙酮或酒精擦拭,棉签上呈红色。

(2)放大观察,珊瑚横截面具有细腻的放射状及同心圆状结构,骨制品则具圆孔状结构。珊瑚表面天然纹理细致,而骨制品较粗糙(图4-4-15、图4-4-16)。天然红珊瑚有白芯及白斑、虫眼、沙窝等瑕疵特征,骨制品则没有这些特征。

(3)声音辨别。天然珊瑚叩之,其声音清脆悦耳;而敲击骨制品,声音比较沉闷。

(4)珊瑚断口较平坦,呈贝壳状;而骨制品性韧不易断,断口为锯齿状。

图4-4-15 天然莫莫红珊瑚

(图片提供/琳珑珊瑚)

图4-4-16 橘红色染色骨制品仿珊瑚

5. 石粉压制仿珊瑚

这类珊瑚仿品是先将大理石等石料磨成粉,再染以颜料,并经过高温高压的环境生产出来。

石粉压制仿珊瑚鉴别方法:

(1)放大观察,天然红珊瑚有生长纹理(图4-4-17)、白芯、白点、虫眼等特征,而石压珊瑚仿品的表面则呈现石料的颗粒状(图4-4-18)。

(2)天然红珊瑚的手感光滑细腻,尤其是阿卡红珊瑚和深水珊瑚更是如此,但是石粉压制珊瑚仿品的手感粗糙。

(3)天然红珊瑚的光泽比石粉压制珊瑚仿品的光泽强。

(4)石粉压制的珊瑚仿品均经过了染色,用丙酮或者酒精擦拭表面就会掉色。

（5）天然红珊瑚对酸有反应，而石粉压制仿珊瑚对酸没有反应。

图 4-4-17 表面平行状细纹明显的沙丁红珊瑚

图 4-4-18 表面呈现石料的小颗粒状的珊瑚仿品

（图片提供/法国巴黎宝石学院）

6. 再造珊瑚

再造珊瑚是指将各种贝类或造礁珊瑚原料用机器打磨成粉末，再塑注成各种珊瑚形状，进而加工成各种珊瑚仿品饰品。

再造珊瑚的鉴别方法：

（1）与天然红珊瑚相比，再造珊瑚没有任何的自然生长纹理。放大观察，有时可见粉末状结构。

（2）再造珊瑚的颜色、光泽不如天然珊瑚，同时也比较容易褪变。

（3）由于人工加工的原因，再造珊瑚的同款珊瑚饰品都非常一致，且造型显得比较单调。

二、以人工材料制成的珊瑚仿品

1. 塑料仿珊瑚

市场上也可见用有色塑料制成的珊瑚仿品。

塑料珊瑚仿品的鉴别方法：

（1）天然红珊瑚的密度为 $2.5 \sim 2.8 g/cm^3$，而塑料仿品密度小些，为 $1.38 \sim 1.41 g/cm^3$。在手上掂重，可以感到塑料仿品较轻。

（2）仔细观察表面，塑料仿品没有珊瑚天然的生长纹理，反而有时可以观察到塑料的模具痕迹。并且塑料的表面呈现出树脂光泽,不同于阿卡珊瑚的玻璃光泽以及莫莫珊瑚的玻璃—蜡状光泽(图4-4-19、图4-4-20)。

(3)与天然红珊瑚相比,塑料仿品经过长时间的日照后更容易氧化褪色。

(4)用热针探测塑料仿品会有塑料燃烧的辛辣味。

(5)天然珊瑚对酸有反应,而塑料对酸没有反应。

图4-4-19 红色塑料仿红珊瑚项链　　　图4-4-20 红色塑料仿红珊瑚刻面

2. 玻璃仿珊瑚

用红色玻璃仿制的红珊瑚与天然珊瑚区别较大,可通过以下方法鉴别:

(1)在放大条件下仔细观察,红色玻璃仿品没有天然珊瑚的生长纹理,而可能在玻璃内部发现生产过程中存留的小气泡。

(2)看光泽。天然红珊瑚中,除了阿卡珊瑚呈现玻璃光泽外(图4-4-21),其他品种都表现为柔和的树脂或蜡状光泽(图4-4-22、图4-4-23)。而红色玻璃仿品具玻璃光泽,比莫莫珊瑚和沙丁珊瑚的光泽更强(图4-4-24)。

(3)比硬度。玻璃的硬度比珊瑚大,小刀刻不动玻璃,但在珊瑚上可以刻划。

(4)酸反应测试。玻璃与酸不反应,而珊瑚遇酸则有反应。

3. 塑料和玻璃经覆膜处理后仿珊瑚

这种仿品通常是在白色的塑料或玻璃圆珠表面覆上一薄层红色的膜,以仿冒牛血红色的珊瑚。

鉴别方法:

(1)覆膜珊瑚仿品没有天然珊瑚的天然生长纹理。在透射光下有时可以观察到环氧树脂材料中的气泡。

来自海洋的美丽瑰宝——珊瑚 第四章

图4-4-21 具有玻璃光泽的
阿卡珊瑚戒指

（照片提供/绮丽珊瑚）

图4-4-22 具有树脂光泽的
沙丁珊瑚小块

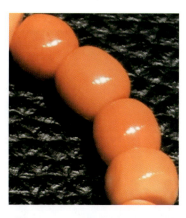

图4-4-23 具有弱树脂光泽的
莫莫珊瑚珠

图4-4-24 玻璃仿红珊瑚珠子，外部呈玻璃光泽，
珠子内部打孔处呈现出粗糙孔道

（2）在玻璃上覆膜牢固度往往不高，与硬物碰撞后覆膜层有时会掉落，观察玻璃珊瑚仿品表面珠子孔洞处，往往可以观察到脱落的有色膜。

（3）放大观察，涂覆珊瑚仿品有时可以看到涂覆不均匀或涂覆重叠的部分。

（4）塑料、玻璃与珊瑚的相对密度不同，也可以通过比重仪来测试。

（5）塑料和玻璃与酸不反应，而珊瑚遇酸则有反应。

第六节 黑珊瑚、金珊瑚的鉴赏

宝石级角质型珊瑚的代表是黑珊瑚和金珊瑚。角质型珊瑚的主要成分为有机质,碳酸钙含量很少或没有,这是它与钙质型珊瑚的本质区别。

一、黑珊瑚、金珊瑚的特征

黑珊瑚的原枝为树枝状,最高可达数米,光泽较黯淡,表面为深褐黑色(图4-6-1、图4-6-2),抛光后呈蜡状光泽,其横截面具有与树木年轮类似的同心圆结构(图4-6-3、图4-6-4)。在强光照射下,未经切割的黑珊瑚边缘呈深棕红色(图4-6-5),黑珊瑚透明度为微透明—不透明。

图4-6-1 黑珊瑚原枝

来自海洋的美丽瑰宝——珊瑚 第四章

图 4-6-2　海德威湾"戈尔贡"黑珊瑚,这种黑珊瑚非常柔软,因而很难打磨,有弹性的分支和白色息肉

图 4-6-3　黑珊瑚的横截面　　　　图 4-6-4　黑珊瑚原枝上的同心圆结构

图 4-6-5　树枝状的黑珊瑚,可以看到表面的棕红色区域

（以上图片提供/法国马赛宝石学实验室）

金珊瑚原枝通常为黄褐色、灰褐黄色（图 4-6-6），最高可长至 2～3m，其表面分布有平行细条状的生长纹理或密密麻麻的小丘疹（图 4-6-7、图 4-6-8），这些小丘疹多沿平行于枝条中轴的方向环绕分布。抛光后，金珊瑚呈丝绢光泽（图 4-6-9）。在强光照射下，未经切割的金珊瑚的边缘呈棕红色，为半透明—微透明，由于其层状结构和表面凸起对光的综合反射作用，金珊瑚看起来金光灿灿。

决定黑珊瑚及金珊瑚质量的主要因素都是颜色、净度（瑕疵的多少）、质地、大小等。

图 4-6-6　台湾一位商人为筹建佛寺捐出的高为 1.38m 的珍稀金珊瑚原枝

图 4-6-7　表面有平行细条状生长纹理的金珊瑚小枝

（图片提供/珊瑚礁雅筑）

二、黑珊瑚、金珊瑚的优化处理

市场上对表面有龟裂纹、抛光效果不佳的金珊瑚与黑珊瑚常进行覆膜处理，以增强珊瑚的韧性及改善外观。覆膜材料一般为环氧树脂。其中，无色环氧树脂多用于金珊瑚，而用于黑珊瑚的环氧树脂中常添加黑色剂以提高颜色的饱和度。

来自海洋的美丽瑰宝——珊瑚 第四章

图4-6-8 表面有丘疹状小凸起的金珊瑚小珠

(图片提供/法国巴黎宝石学院)

图4-6-9 抛光后的金珊瑚小枝

(图片提供/珊瑚礁雅筑)

1. 覆膜黑珊瑚的鉴别方法

(1)覆膜黑珊瑚的颜色为深黑色或亮油黑色,而天然黑珊瑚颜色为深褐黑色。

(2)覆膜黑珊瑚的切片基本不透明,而天然黑珊瑚切片颜色为暗棕红色,半透明。

(3)天然黑珊瑚在长波紫外灯光下有黄—白垩色荧光反应,在短波紫外灯光下无反应。经覆膜处理的黑珊瑚在紫外荧光灯长短光波下均无反应。

2. 覆膜金珊瑚的鉴别方法

(1)覆膜金珊瑚的颜色为亮丽的金黄色,而天然金珊瑚颜色为黄褐色。

(2)覆膜金珊瑚的切片为暗棕红色,半透明。而天然金珊瑚的切片颜色为棕红色,透明。

(3)天然金珊瑚在长波紫外光下有强黄—白垩色荧光反应,在短波紫外光下有弱黄—白垩色荧光反应。经覆膜处理的金珊瑚在长波紫外光下呈现中黄—白垩色荧光反应,在短波紫外光下有较弱或极弱的黄—白垩色荧光反应。

三、黑珊瑚、金珊瑚的常见仿品

由于黑珊瑚和金珊瑚的自然资源有限,原材料难以获得,因而市场价值越来越高。而经过处理的海藤(又称海柳)与黑珊瑚及金珊瑚在外观上十分相似,其产量较大、市场价格低廉,因此市场上常用海藤作为金珊瑚和黑珊瑚的替代品,用抛光过的海藤仿黑珊瑚,用漂白海藤仿金珊瑚(图4-6-10)。

虽然抛光海藤与黑珊瑚、漂白海藤与金珊瑚在外观上十分相似,且其透明度、光泽和硬度都很接近,但它们在结构和成分上存在区别。

鉴别抛光海藤与黑珊瑚、漂白海藤与金珊瑚可通过以下方法:

(1)黑珊瑚和金珊瑚具有天然的分枝结构(图4-6-11),分枝处有类似树木年轮的同心圆结构,因此在打磨成较大珠子的黑珊瑚上可以看到多个年轮生长方向(图4-6-12)。而海藤的生长形态是单根长条形,无分枝(图4-6-13),在海藤珠子上只能看到一个年轮生长方向。不过,若待鉴定的黑珊瑚或海藤珠太小,有时看不清楚这种结构特征。

图4-6-10 漂白海藤仿金珊瑚

图4-6-11 树枝状的金珊瑚

(图片提供/珊瑚礁雅筑)

图4-6-12 黑珊瑚顶链珠子上可以看到多个方向的同心圆结构

(图片提供/法国巴黎宝石学院)

来自海洋的美丽瑰宝——珊瑚 第四章

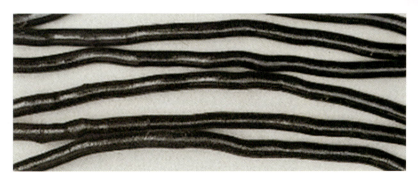

图 4-6-13　单根无分枝的黑色海藤原枝

（2）在放大条件下观察横截面的结构特征，黑珊瑚和金珊瑚都呈较致密的同心圆层状结构（图 4-6-14），海藤的层状结构则比较疏松并且呈放射状（图 4-6-15）。

图 4-6-14　黑珊瑚横截面上较致密的同心圆结构

图 4-6-15　海藤横截面上较疏松的层状结构和放射状结构

（3）大多数黑珊瑚的侧表面较光滑，浅水黑珊瑚表面通常有丘疹状小凸起（图 4-6-16）。海藤的侧表面则布满小刺或小凸起（图 4-6-17），抛光后表面呈现明显的丘疹状结构。

（4）金珊瑚侧表面有纵向的平行细条状纹理或丘疹状的小凸起，有的还具有黄色、蓝色、绿色等颜色的晕彩，深水金珊瑚的晕彩比浅水金珊瑚的强（图 4-6-18）。而漂白海藤表面没有纵向的平行状细小纹理，只有丘疹状的小凸起。

图 4-6-16 被发现于昆士兰海边的黑珊瑚,表面有丘疹状的小凸起

图 4-6-17 抛光后表面有丘疹状小凸起的黑色海藤原枝

(图片提供/法国马赛宝石学实验室)

（5）金珊瑚的密度为 $1.37g/cm^3$ 左右,漂白海藤的密度则为 $1.3g/cm^3$ 左右,可以使用静水称重法来测试密度,以对两者进行区分。

（6）宝石业界的专业人士可使用红外光谱仪来分析金珊瑚、黑珊瑚及漂白海藤的有机组分构成,通过不同的红外光谱的峰形特征区分三者。

虽然黑珊瑚和金珊瑚都比较稀少,但两者之中,金珊瑚更加珍贵。因此也有人将天然黑珊瑚漂白以仿制金珊瑚（图 4-6-19、图 4-6-20）,由于黑珊瑚本身的高价值和难以得到,这种仿品也比较稀少。

图 4-6-18 表面有平行细纹及晕彩的金珊瑚小枝

(图片提供/法国马赛宝石学实验室)

也有用塑料仿制黑珊瑚、金珊瑚的,此类仿品鉴定方法如下：

（1）如前所述,黑珊瑚、金珊瑚表面有天然纹理特征,而塑料完全没有天然纹理,有时会发现模具痕迹。

（2）黑珊瑚或金珊瑚用酒精灯烧之,样品出现炭化,有贝壳燃烧的焦味（极微香味）,与塑料燃烧时散发的辛辣气味明显不同。

来自海洋的美丽瑰宝——珊瑚 第四章

图4-6-19 经过漂白的浅水黑珊瑚

（图片提供/法国马赛宝石学实验室）

图4-6-20 在强光下,经过漂白的浅水黑珊瑚表面呈现出众多的丘疹状小凸起

（图片提供/法国马赛宝石学实验室）

第七节 珊瑚的保养和收藏

红珊瑚等钙质型珊瑚由碳酸钙、少量蛋白质和水组成,摩氏硬度是2.5~3.5。黑珊瑚、金珊瑚等角质型珊瑚的主要成分为有机质,碳酸钙含量很少或没有,其摩氏硬度为2.5~3。宝石类珊瑚的化学稳定性和韧性均不高。

另外,珊瑚天然艳丽的颜色对其价值有非常重要的影响。高温和漂白剂都会破坏有机色素引起褪色。这种珍贵的有机宝石需要良好的收藏条件,才可以长久流传(图4-7-1、图4-7-2)。

图 4-7-1　红珊瑚项链

(图片提供/绮丽珊瑚)

图 4-7-2　18K金镶红珊瑚珠宝首饰

(左:《弥勒佛》;中:《观音》;右:《旗袍》;图片提供/王月要)

珊瑚在日常保养收藏中需要注意以下几点：

（1）酸性物质会破坏碳酸钙，汗液虽然呈弱酸性，却也是珊瑚的"敌人"，有时疏于照料的红珊瑚表面会出现白色"斑点"，就是受弱酸腐蚀的结果。佩戴珊瑚首饰应当避免过多接触身体的汗液。佩戴后，应当用略微湿润的软布将珊瑚珠宝擦拭干净，再用干而柔软的布擦干。

（2）避免珊瑚接触各种化学制剂，如珠宝洗涤液、工业洗涤液、家用洗涤液等。这些洗涤液会导致珊瑚表面黯淡或变色。避免对珊瑚使用珠宝检测折射液、超声波清洗器及蒸汽清洗器，还要避免珊瑚与洗甲水、干洗剂等有机溶剂接触，若要使用化妆品、发胶、香水，应在至少半个小时后再佩戴珊瑚饰品。

（3）避免珊瑚接触热源，如在厨房烘焙、电烫头发时应避免佩戴珊瑚饰品。

（4）避免珊瑚与硬质首饰如宝石类、金属类物品放置在一起，以防划伤珊瑚表面。珊瑚饰品在收藏保养时应当用柔软的布包裹，或单独放置在有柔软内里的盒子里。成串的珊瑚应当平放，以防止拉伸串线。

（5）珊瑚硬度不高，韧性不强，磕碰很容易造成损伤。应当避免在运动或从事体力劳动时佩戴，以减少被磨损和硬物撞击的可能。珊瑚不适合被镶嵌在像结婚戒指这种日常佩戴在手部的首饰上，而比较适合镶嵌在碰撞可能性较小的首饰如项链、胸针、耳环、吊坠上（图4-7-3）。

4-7-3　红珊瑚珠宝

（图片提供/绮丽珊瑚）

（6）对珊瑚饰品进行清洁时，不可浸泡在水中，以免影响镶嵌物的牢固度和珠链串绳的伸缩度。珠孔中残留的水分及洗涤剂也会腐蚀穿绳、损坏饰品。可以先用湿润的软布擦拭,再用干而柔软的布擦干。

(7)珊瑚不适宜长期存放在密不通风、干燥的环境里,而应放置在空气流通并有相对湿度的环境中(图4-7-4)。

图4-7-4　红珊瑚珠宝

(图片提供/绮丽珊瑚)

主要参考文献

李立平,李姝萱,燕唯佳,等,2012.黑珊瑚、金珊瑚及海藤的鉴别特征[J].宝石和宝石学杂志(A),14(4):1-10.

李娅莉,薛秦芳,李立平,等,2016.宝石学教程(第三版)[M].武汉:中国地质大学出版社.

李玉霖,狄敬如,2009.角质型金珊瑚与黑珊瑚的宝石学特征研究[J].宝石和宝石学杂志(A),11(2):15-19.

廖望春,范星宇,2019.琥珀宝石学[M].北京:化学工业出版社.

单峰,林佳蓉,2014.红珊瑚鉴真与收藏入门[M].北京:印刷工业出版社.

王雅玫,2019.琥珀宝石学[M].武汉:中国地质大学出版社.

夏方远,杨功达,张青青,等,2015.琥珀:穿越时空的精灵[M].北京:科学出版社.

张蓓莉,2006.系统宝石学[M].北京:地质出版社.

周佩玲,杨忠耀,2004.有机宝石学[M].武汉:中国地质大学出版社.

CHARLES P,2004. La Fascination du Corail[M]. Chartres:Gerfaut.

ERIC G,2002. L'ambre:miel de fortune et mémoire de vie[M]. Monistrol sur Loire:Les Edition du Piat.

HUBERT B,DAVID F,2007. La Perle Rose:Trésor naturel des Caraïbes[M]. Milan:Skira.

HUBERT B,DAVID L,2010. Perles[M]. Milan:Skira.

有机宝石鉴赏

珍珠　琥珀　珊瑚

附　录
应宗岐珠宝设计作品

附 录

《蝶舞》（材质：异形珍珠、尖晶、紫晶、珐琅）

有机宝石鉴赏

珍珠　琥珀　珊瑚

《月夜蝶飞》（材质：珍珠、祖母绿、飘花翡翠、蓝宝石、钻石）

附 录

《秘密花园》(材质:海蓝宝石、绿松石、祖母绿、红宝石、珐琅)

有机宝石鉴赏

珍珠　琥珀　珊瑚

《海洋皇冠》（材质：海蓝宝石、蓝宝石、珍珠）

《彩蝶》(材质:彩斑菊石、沙弗莱石、珐琅)

有机宝石鉴赏

珍珠　琥珀　珊瑚

《深海红珊瑚》（材质：红珊瑚、珐琅、钻石、无色水晶）

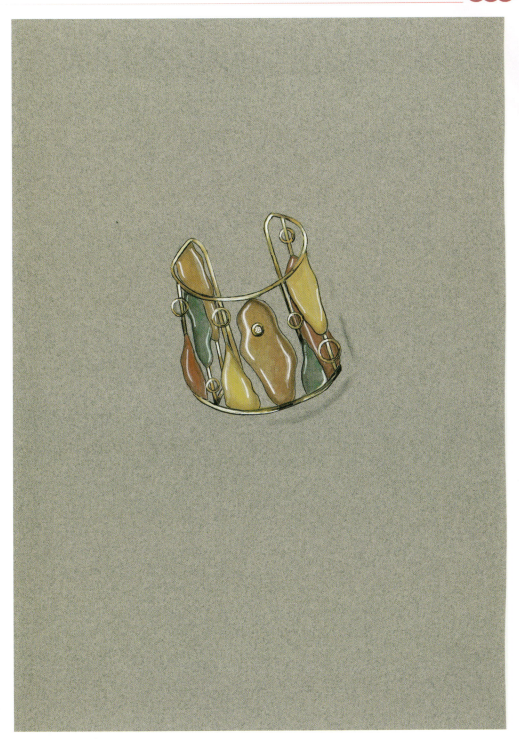

《彩色世界》(材质:绿珀、血珀、棕珀、蜜蜡、钻石)

有机宝石鉴赏

珍珠　琥珀　珊瑚

《亚马逊之泪》（材质：金珊瑚、橄榄石、祖母绿、火欧泊、钻石、无色水晶）

《希望之火》（材质：橄榄石、翡翠）

有机宝石鉴赏

珍珠 琥珀 珊瑚

《凝翠》（材质：翡翠、黄钻、无色钻石）

致 谢

感谢以下单位及个人为本书提供的精美图片（排名不分先后）：

法国巴黎宝石学院校长 Fabienne Thouvenot 女士
法国马赛宝石学实验室
法国宝石学协会理事会 Jean Pierre Gauthier 先生
法国 Lyon Alliances Brillants 珠宝公司
法国 Les Merveille du Pacifique 珍珠公司
法国 Femme de Bijoux 珠宝公司
法国 Arteau Paris 珠宝公司
法国 OPALOOK 琥珀公司
法国 Miniralfa 琥珀公司
日内瓦 Shanghai Gems S.A 公司
香港 J Ocean Pearls 公司
Lafin Couronne 珍珠公司
法国摄影师 C. Roux
Géry Parent
深圳市壹海珠文化创意有限公司
广西北海市旺海珠宝有限公司
上海东陈珠宝设计鲤米工作室
深圳福临珠宝设计有限公司
恒美珍珠有限公司
润特蓝珀
彬彬琥珀
蜜源琥珀
祥瑞琥珀
琳珑珊瑚
台湾珊瑚礁雅筑
绮丽珊瑚
王月要
黄君亮
梁宽
夏鸥